U0315525

神舟三号、神舟四号飞船遥感应用图集

蒋兴伟　主编

海洋出版社

2013 · 北京

图书在版编目(CIP)数据

神舟三号、神舟四号飞船遥感应用图集 / 蒋兴伟主编.—北京：海洋出版社，2013.9

ISBN 978-7-5027-8659-5

Ⅰ. ①神… Ⅱ. ①蒋… Ⅲ. ①卫星图像—图集 Ⅳ. ①TP75-64

中国版本图书馆CIP数据核字(2013)第217869号

责任编辑：王　溪
责任印制：赵麟苏

海洋出版社 出版发行
http://www.oceanpress.com.cn
北京市海淀区大慧寺路 8 号　邮编：100081
北京画中画印刷有限公司印刷　新华书店经销
2013年9月第 1 版　2013 年9月北京第 1 次印刷
开本：889mm × 1194mm　1 / 16　印张：6
字数：70千字　定价：40.00 元
发行部：010-62132549　邮购部：010-68038093　专著图书中心：010-62113110

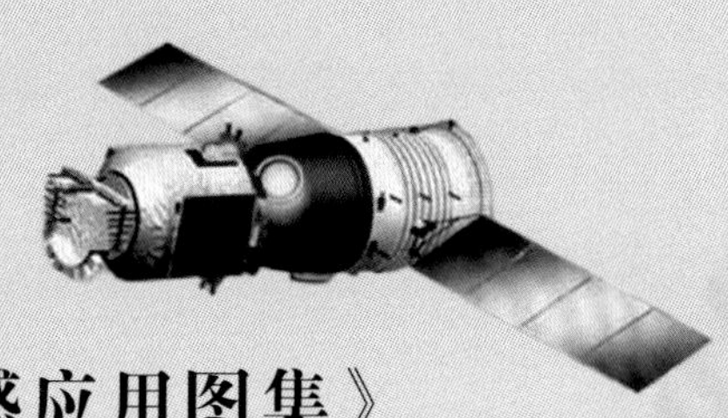

《神舟三号、神舟四号飞船遥感应用图集》

编写人员名单

顾　问	顾逸东	潘德炉	倪岳峰	吴培中	
主　编	蒋兴伟				
副主编	（按姓氏笔画）				
	范天锡	林明森	周庆海	郭华东	蒋兴安
编　委	（按姓氏笔画）				
	王　华	王为民	王其茂	王振占	王晓梅
	毛志华	刘　廷	刘建强	孙　瀛	孙从容
	邱志高	邹　斌	张　杰	张有广	郭茂华
	唐世祥	唐军武	康　健	韩志刚	

序 1

2002年是载人航天和民用遥感值得纪念的一年，在一年之内我国连续发射了2艘载人飞船——SZ-3飞船和SZ-4飞船，2艘飞船上载有民用遥感应用的主载荷“中分辨率成像光谱仪（CMODIS）”和“多模态微波遥感器（M3RS）”，分别于2002年3月25日和2002年12月30日发射上天，SZ-3飞船留轨舱在轨飞行试验127天，SZ-4飞船留轨舱在轨飞行试验117天，CMODIS和M3RS对地观测获得了大量有价值的观测资料，载人航天工程民用遥感应用系统组织了两个飞行任务的地面配合试验工作，开展了两个主载荷在海洋、陆地和大气的应用研究和应用示范系统建设，经过飞船留轨期间大量数据的应用分析，已取得了极有价值的应用成果。CMODIS完成了以海洋水色（叶绿素浓度、悬浮泥沙和污染物）、水温探测为主，兼顾海岸带探测的海洋应用；以水汽和气溶胶探测为主，兼顾卷云探测的大气应用；以大尺度土壤（土壤沙化和土壤水分）和植被分布等地表探测为主，兼顾大尺度地质构造探测的陆地应用。M3RS 完成了全天候监测海面高度、有效波高、大洋环流、海面风场和海面温度的海洋应用；全天候监测降水、水汽含量的大气应用和监测积雪、土壤水分的陆地应用。

在两个主载荷留轨的近一年中，CMODIS和M3RS资料已经制作了数千幅的遥感定量图像和图形产品，那一幅幅从430 km高空获取的祖国不同海域、陆地和大气的船载遥感图像，随着时序变化和波段组合的不同，经过精心处理后，海岸地物地貌和海洋信息是那样的丰富；江河湖海和各种植被，是那样的绚丽多彩；广阔的沙漠像一条条黄金甲，披在祖国的西北边陲；一个个大小湖泊，像一颗颗明珠，镶嵌在祖国的大地上。浏览这些空间遥感图像，我们像是饱览了祖国的江河湖海。

本图集选出CMODIS和M3RS的图像与图形100余幅。从中可以看到全球各大洲海岸的锦绣景色；可以看到璀璨明珠长江口的海岸带，也可以一睹沧海桑田的黄河入海口泥沙景象；可以去世界屋脊的青海湖领略高原湖泊的凉爽，也可以到江南欣赏华东五大湖系的春色和湖光；可以一览无余欣赏我国海区的水色分布，也可以领略其海温的冷暖有序；可以感受到风起浪涌，也可以看到青藏高原的白雪皑皑；可以体会到雨林的静谧，也可以体会到潜在的土壤耕作能力。

这本图集是CMODIS和M3RS运行近一年工作的缩影，也是对载人航天民用遥感应用系统的研究和应用水平的一个验证。我们感谢中国人民解放军总装备部、中国科学院、中国气象局、中国人民解放军总参谋部和国家海洋局等单位多年来对载人航天民用遥感应用系统的领导和支持，我们还要感谢那些曾经和我们一起奋斗十余载以及仍在为我国载人航天民用遥感作出巨大努力的同仁，正是他们使得我国民用遥感应用取得了可喜的进展。

值此图集出版之际，谨表达我们对有关单位和所有关心、支持载人航天民用遥感的朋友们的诚挚的谢意。

2006年5月18日

序 2

中国的载人航天工程举世瞩目，成为中国人民引以为豪的当今重大事件。根据载人航天工程应用系统的安排，在神舟三号（SZ-3）飞船、神舟四号（SZ-4）飞船留轨期间分别开展了以中分辨率成像光谱仪和多模态微波遥感器作为主要遥感载荷的对地观测遥感试验，两个遥感载荷的数据在海洋、大气和陆地等领域开展了大量的应用研究，为我国航天遥感应用技术的发展作出了贡献。

中分辨率成像光谱仪是20世纪90年代后发展起来的新一代“图谱”合一的对地观测遥感仪器，具有同时获取多通道连续光谱的海洋、陆地和大气影像以及快速覆盖全球的能力，是监测地球环境动态变化最有效的空间遥感仪器之一，在海洋资源与环境探测，陆地资源动态调查，农业、生态、自然灾害监测和大气环境监测等方面具有广泛而重要的应用前景。

SZ-3飞船于2002年3月25日成功发射后，飞船的对地观测主载荷——中分辨率成像光谱仪（CMODIS）于3月31日开始进入工作状态，成功地获取了对地观测遥感资料，它标志着我国可见光和红外遥感空间技术又上了一个新台阶，是世界上继美国MODIS和欧共体MERIS上天之后，第三个具有高光谱分辨率的遥感器。目前该载荷已经成功地拓展到风云三号卫星，作为业务化应用载荷于2008年发射上天。

利用航天微波遥感进行对地观测具有全天时全天候的优势，SZ-4飞船同时载有雷达高度计、微波散射计和微波辐射计组合的多模态微波遥感器（M3RS）进行综合观测，可得到更丰富的海洋、陆地和大气信息。多模态微波遥感器是我国首次进行空间遥感试验，在海洋动力环境、海洋灾害、陆地环境和大气环境的监测等方面取得了大量的应用成果，成效显著。

SZ-4飞船于2002年12月30日发射上天，船上搭载的主载荷M3RS在2003年1月2日18：00时实时下传多模态微波遥感器数据。随着我国微波遥感器的首次上天，它标志着我国航天遥感技术一个新的里程碑，使我国成为世界上为数不多的能够发射航天微波遥感器的国家之一。在SZ-4飞船留轨期间，M3RS获得了大量的主动和被动微波遥感数据，为我国的航天微波遥感技术的发展积累了宝贵的数据和经验，为我国后继星载微波遥感器的研究和应用打下了坚实的基础。该有效载荷已经成功地拓展到海洋二号卫星，作为业务化应用有效载荷于2011年发射上天。这都是得益于载人航天工程民用遥感试验成果的成功。

在SZ-3飞船留轨试验将近半年的时间里，共接收了中分辨率成像光谱仪287轨图谱数据；在SZ-4飞船留轨试验将近半年的时间里，共接收了微波辐射模态连续238小时的遥感数据，高度模态开机168次累计40多小时的试验数据和散射模态开机8次工作41分钟的遥感数据。

在这本图集中，选取了部分具有典型代表的国内外不同地域的遥感影像和图形产品，显示出载人航天工程民用遥感器的高光谱遥感和微波遥感的光谱特征与微波辐射、散射数据的质量，已经达到了相当高的水平，具有广泛的应用潜力。

图集中那一幅幅从400多千米高的飞船轨道获取的不同海洋、陆地和大气的遥感图像与图形产品，随着波段组合的不同，经过精心处理，海洋、陆地和大气的信息是那么丰富；江河湖海及各种地形地貌是那样的绚丽多彩；一条条玉带般的黄金海岸，一个个明珠般的大小湖泊，使人观后心旷神怡。浏览这些遥感图像，就像是在遨游五湖四海。

通过神舟三号、神舟四号飞船在轨试验取得的大量可供应用研究的图像和数据资料分析，国家海洋局、中国气象局和中国科学院等相关单位分别积极开展了应用示范研究。研究结果表明，中分辨率成像光谱仪和多模态微波遥感器对海洋、陆地和大气等领域的环境监测具有重大的应用价值，达到了载人航天工程预期的试验目标。同时也标志着我国在可见光、红外和微波遥感技术领域已经跨入国际先进行列，遥感应用水平已经迈向定量化、业务化的进程，充分发挥了我国载人航天工程引领和带动航天应用技术发展，为国民经济和国家安全服务的重大作用。

谨对《神舟三号、神舟四号飞船遥感应用图集》的出版表示祝贺！也借此向载人航天工程从事遥感应用研究的科技人员表示问候。

2012年12月16日

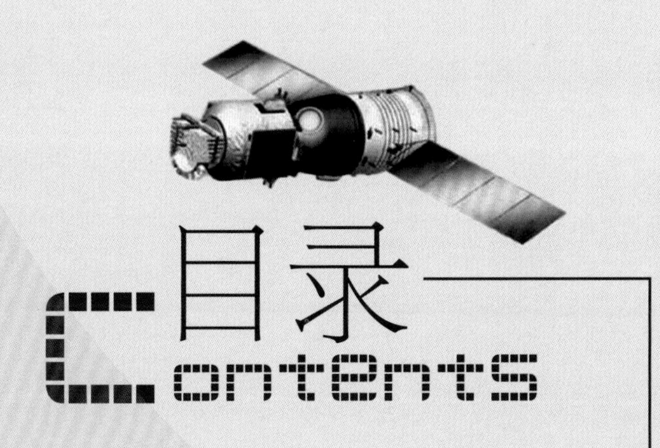

目录 Contents

神州风采
Shenzhou Fengcai

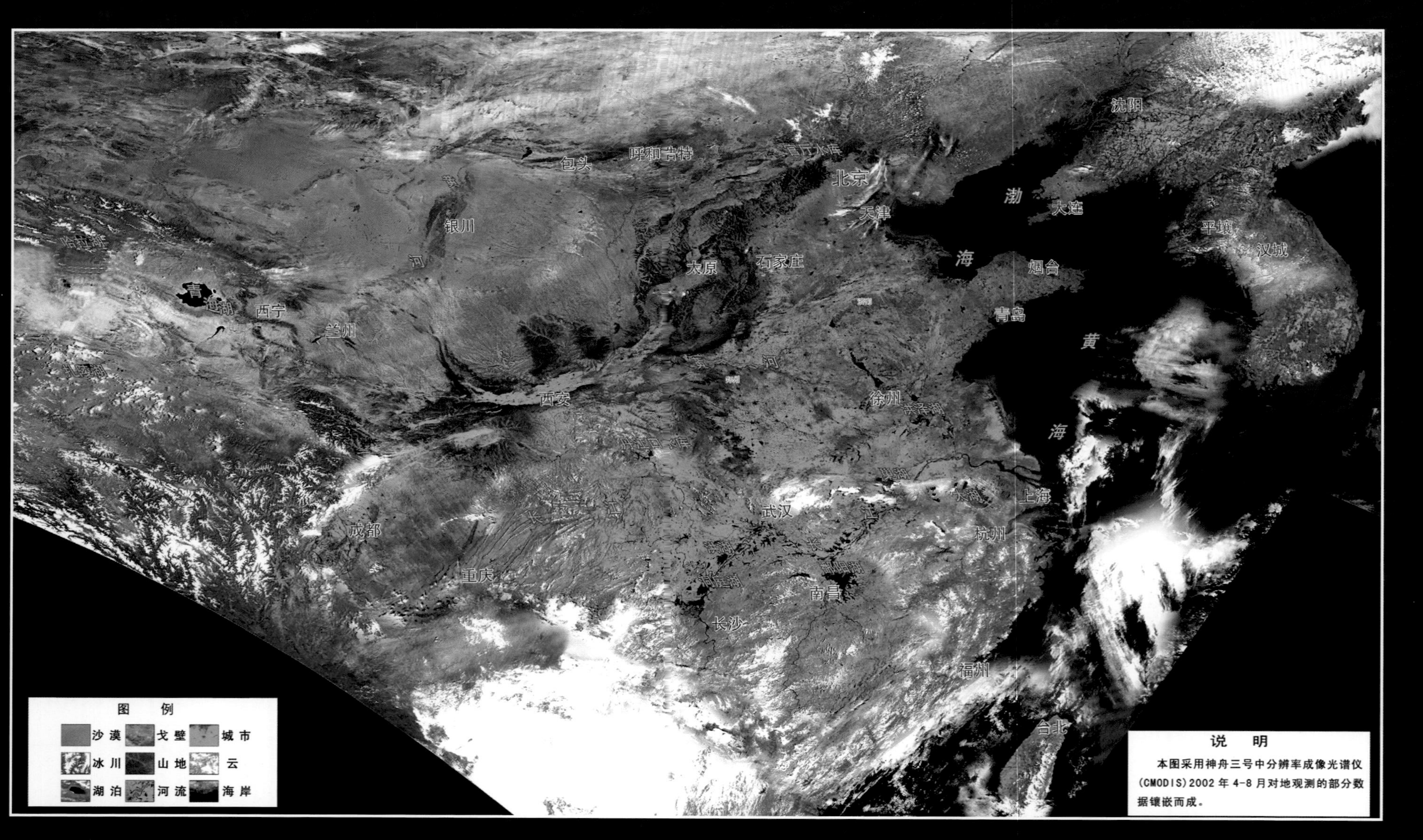
沈阳
呼和浩特
包头
北京
天津
渤
大连
平壤
汉城
银川
河
太原
石家庄
海
烟台
青
西宁
兰州
青岛
黄
河
西安
徐州
海
上海
武汉
成都
杭州
重庆
南昌
长沙
福州
台北
图 例
沙漠
戈壁
城市
冰川
山地
云
湖泊
河流
海岸
说 明
本图采用神舟三号中分辨率成像光谱仪(CMODIS)2002年4-8月对地观测的部分数据镶嵌而成。

神州大地镶嵌图

华北影像图

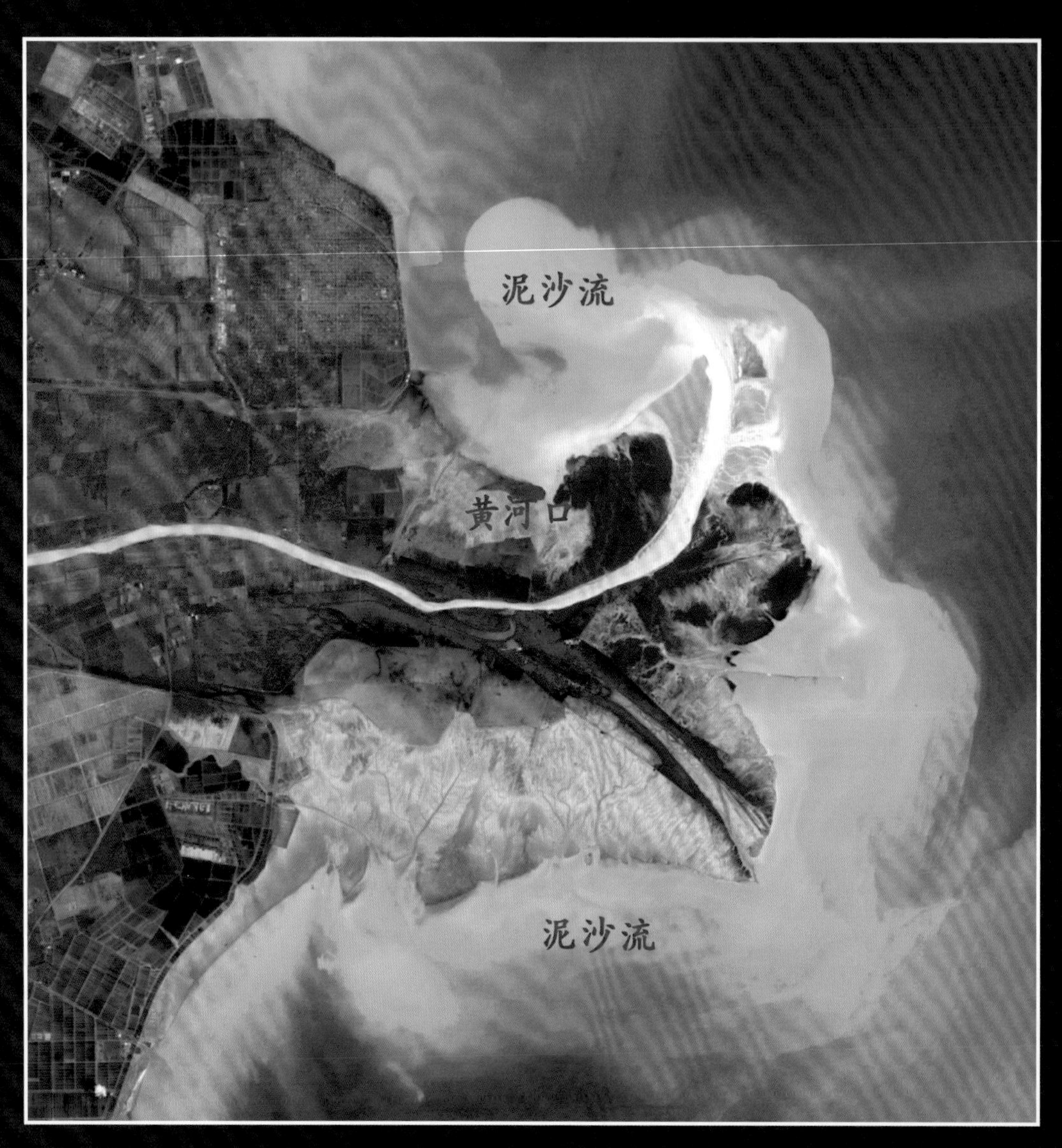

黄河入海口

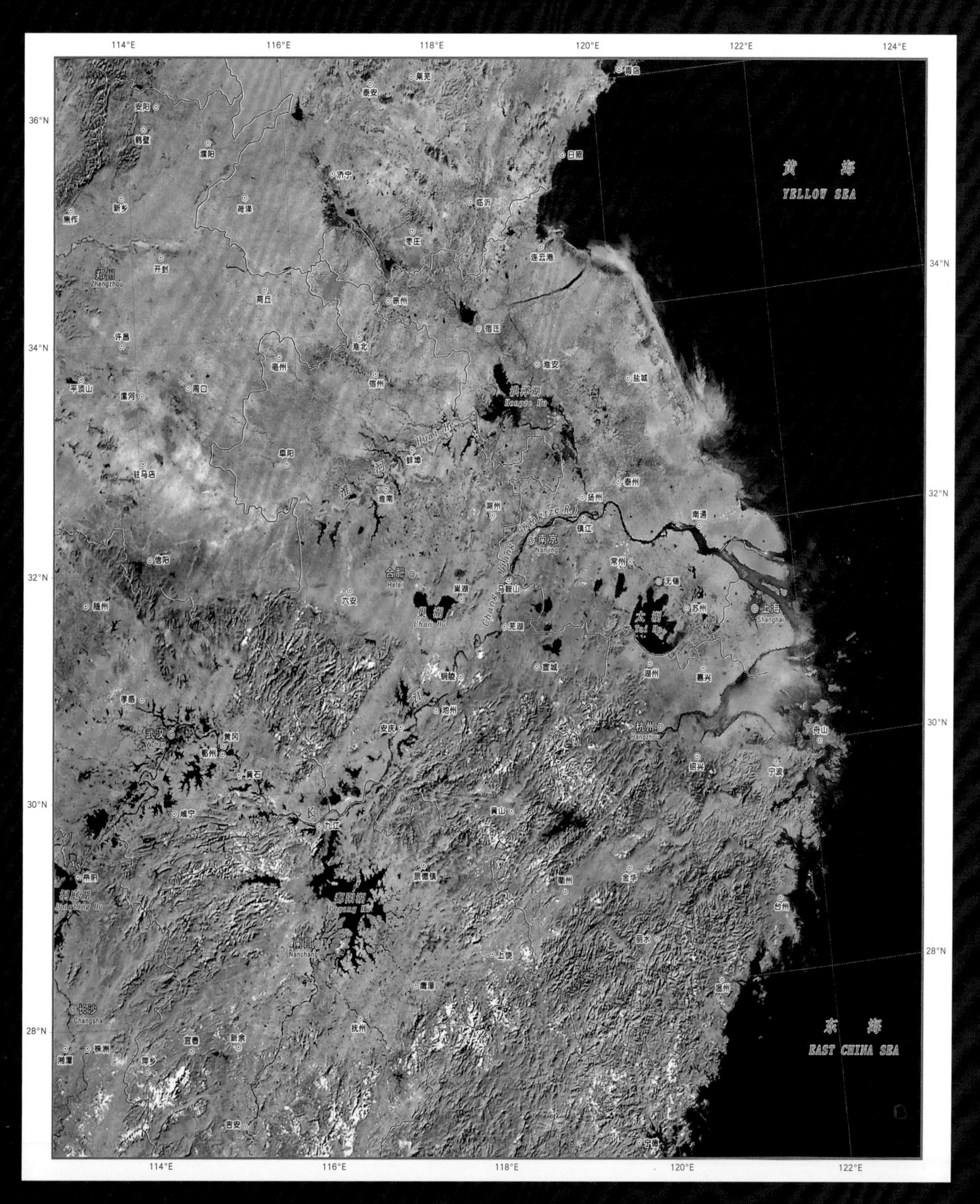

淮河流域和长江口下游地区

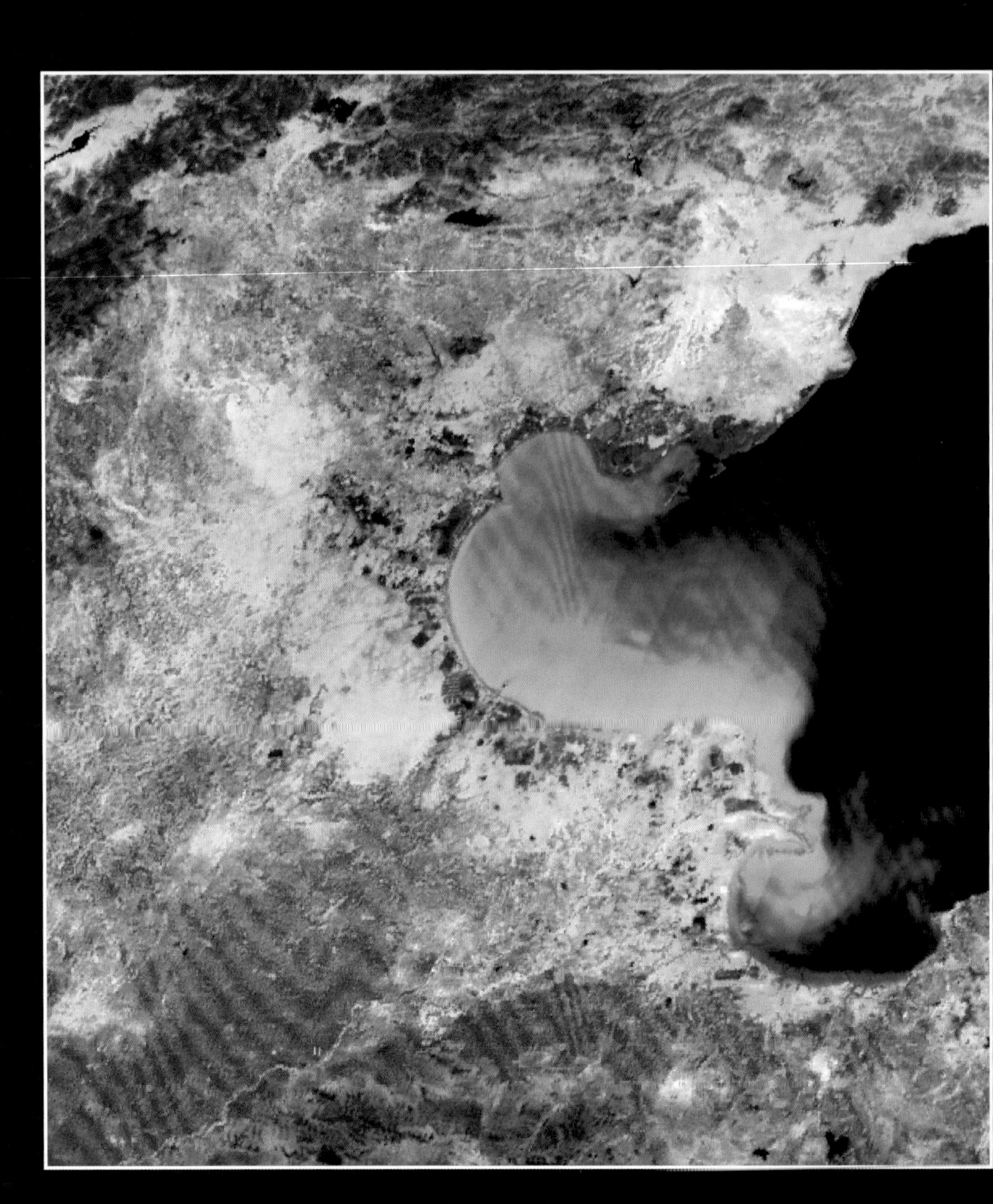

渤海掠影(京津地区)

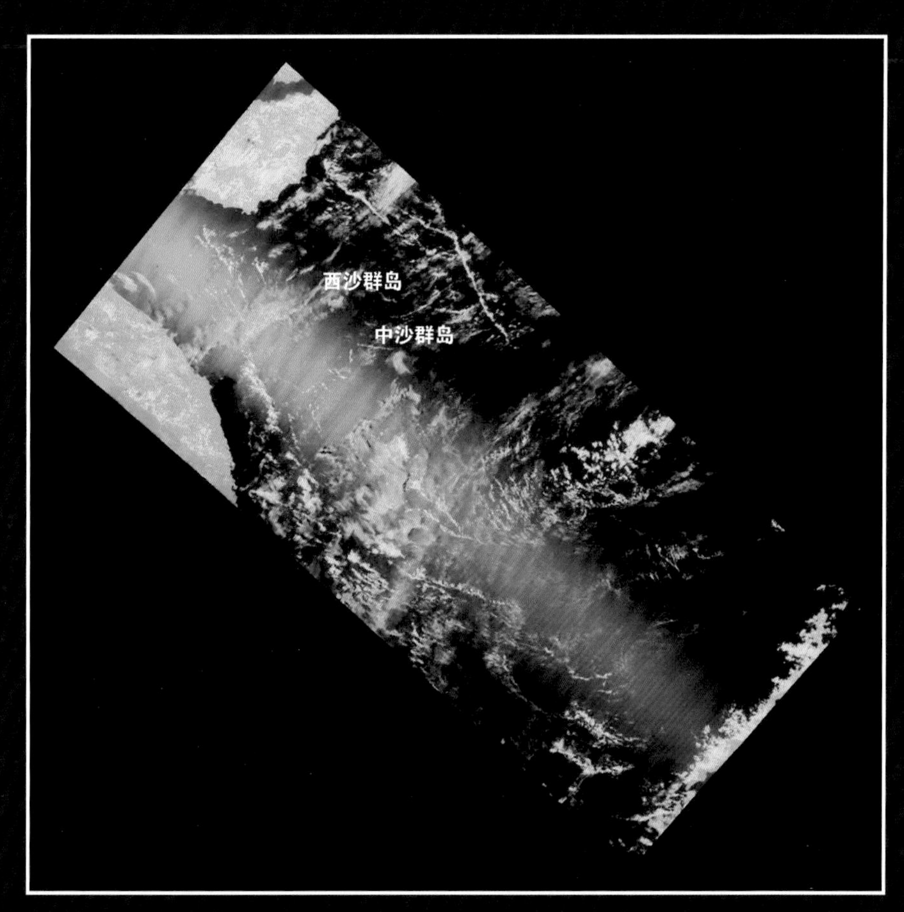

祖国南疆(南海)

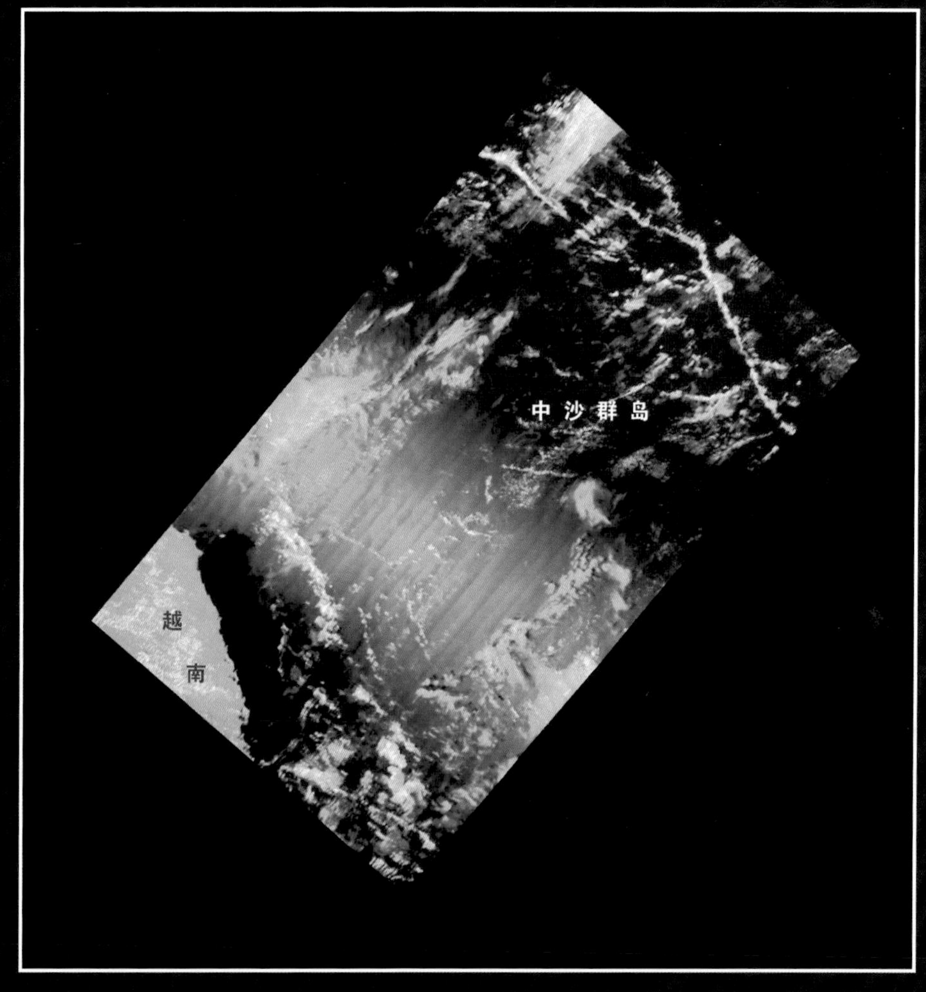

南海礁磐

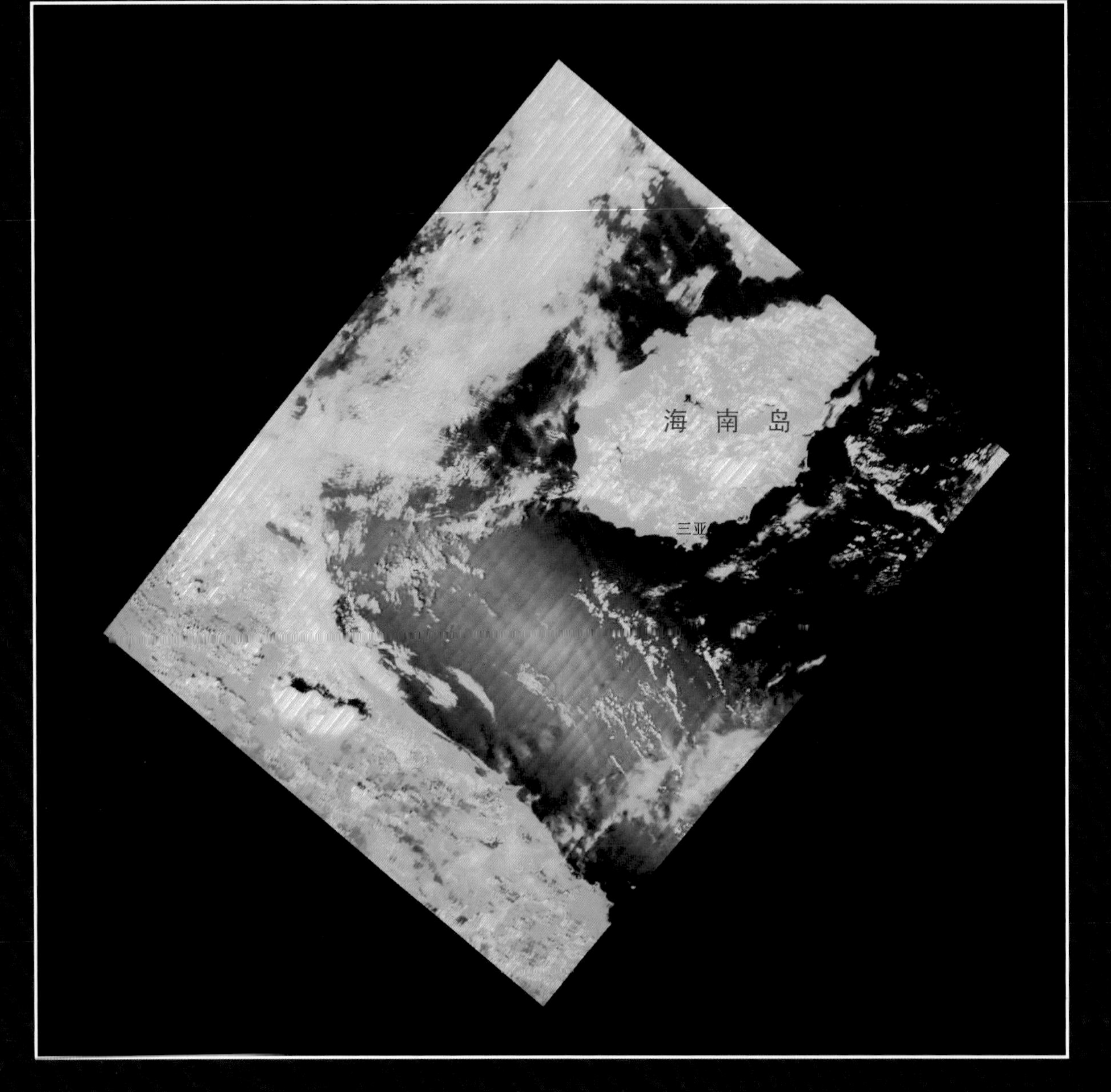

天涯海角(海南岛)

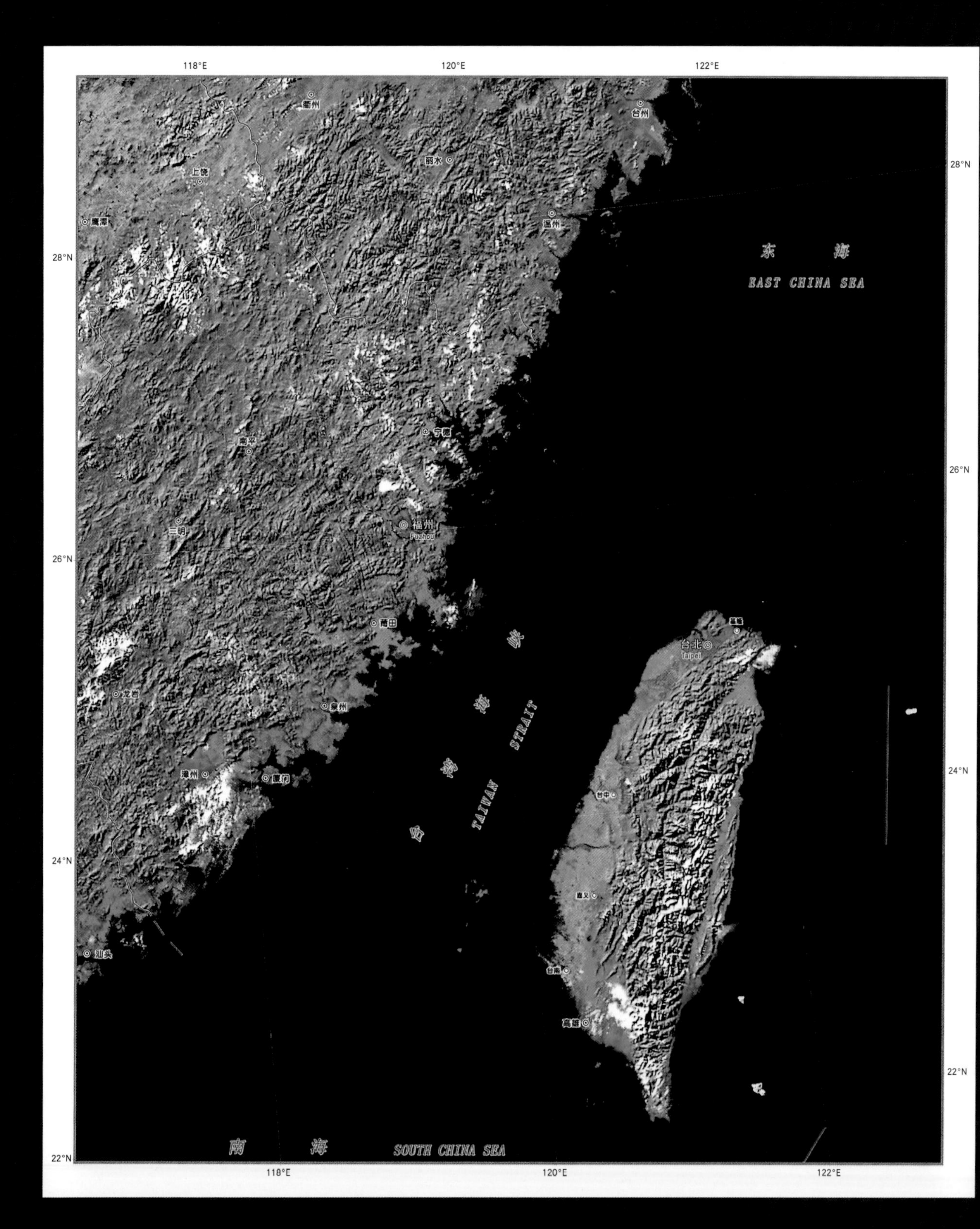
118°E
120°E
122°E
28°N
26°N
24°N
22°N
衢州
台州
丽水
上饶
鹰潭
温州
东 海
EAST CHINA SEA
宁德
南平
福州
Fuzhou
三明
莆田
台湾海峡
TAIWAN STRAIT
基隆
台北
Taipei
龙岩
泉州
漳州
厦门
台中
嘉义
台南
高雄
汕头
南 海
SOUTH CHINA SEA

东南沿海地区和台湾岛

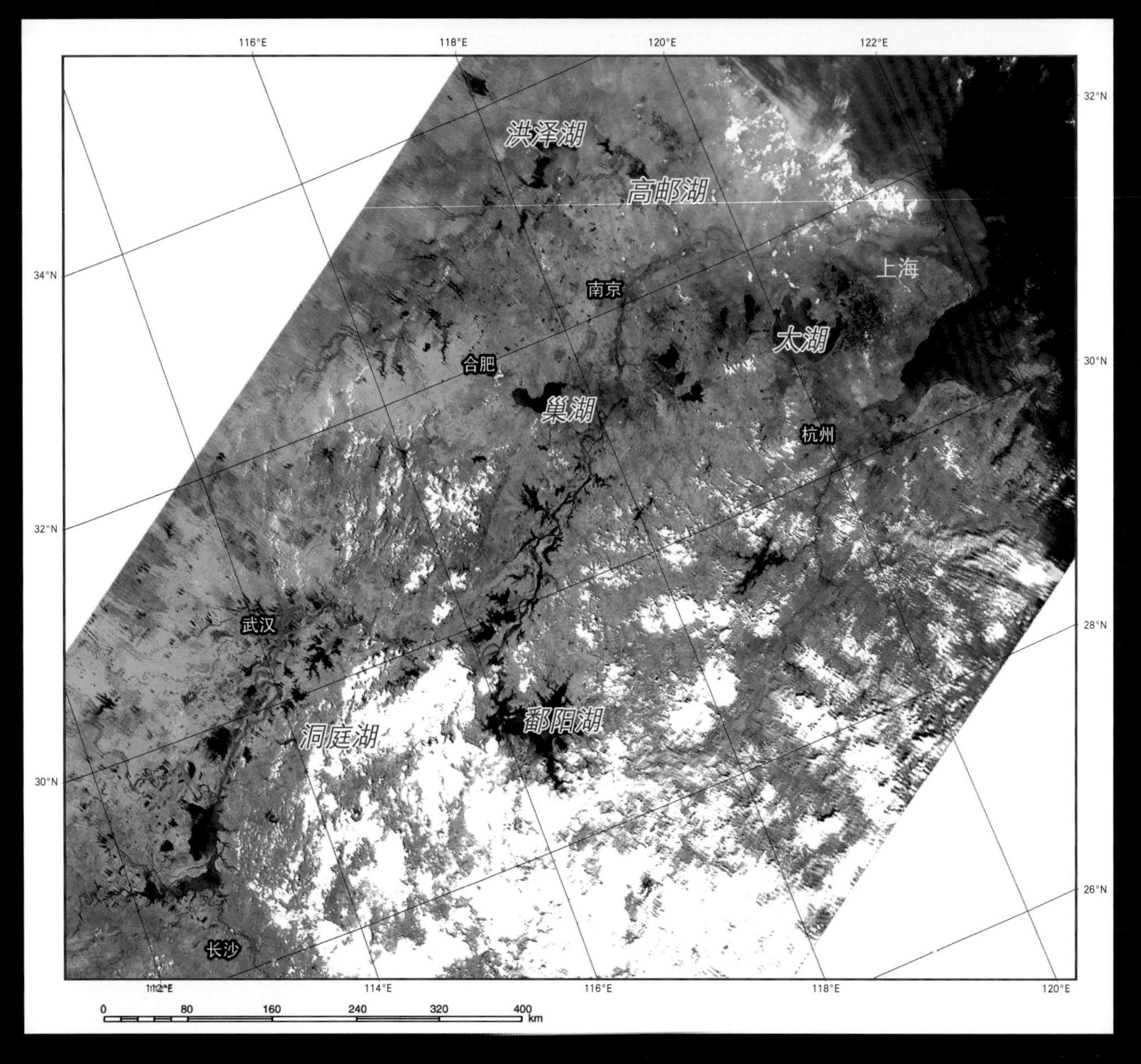
洪泽湖
高邮湖
上海
南京
太湖
合肥
巢湖
杭州
武汉
鄱阳湖
洞庭湖
长沙
116°E
118°E
120°E
122°E
32°N
34°N
30°N
28°N
26°N
112°E
114°E
0
80
160
240
320
400
km

我国东南几大湖系

敦煌概貌

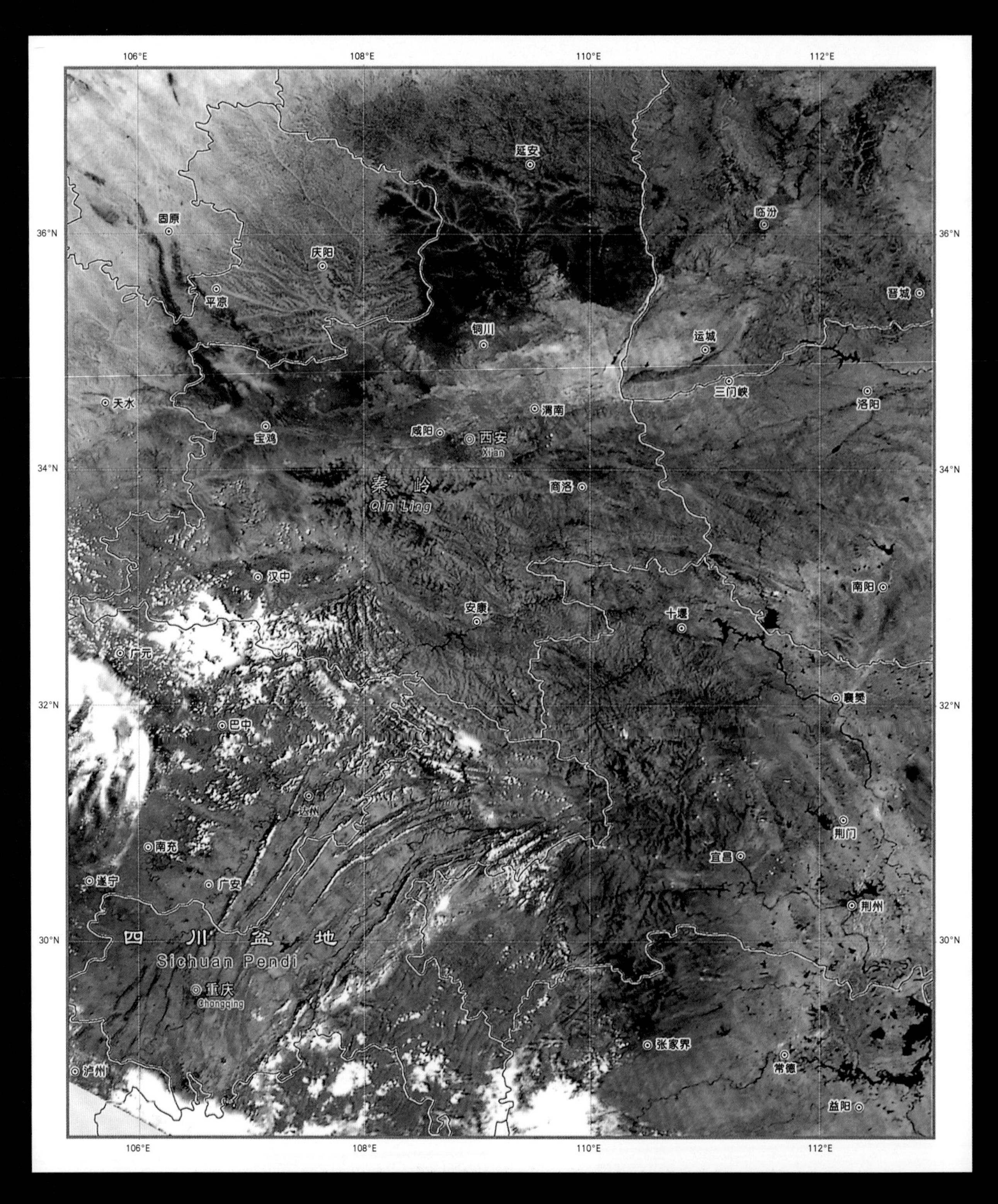

秦岭、四川盆地及鄂西地区

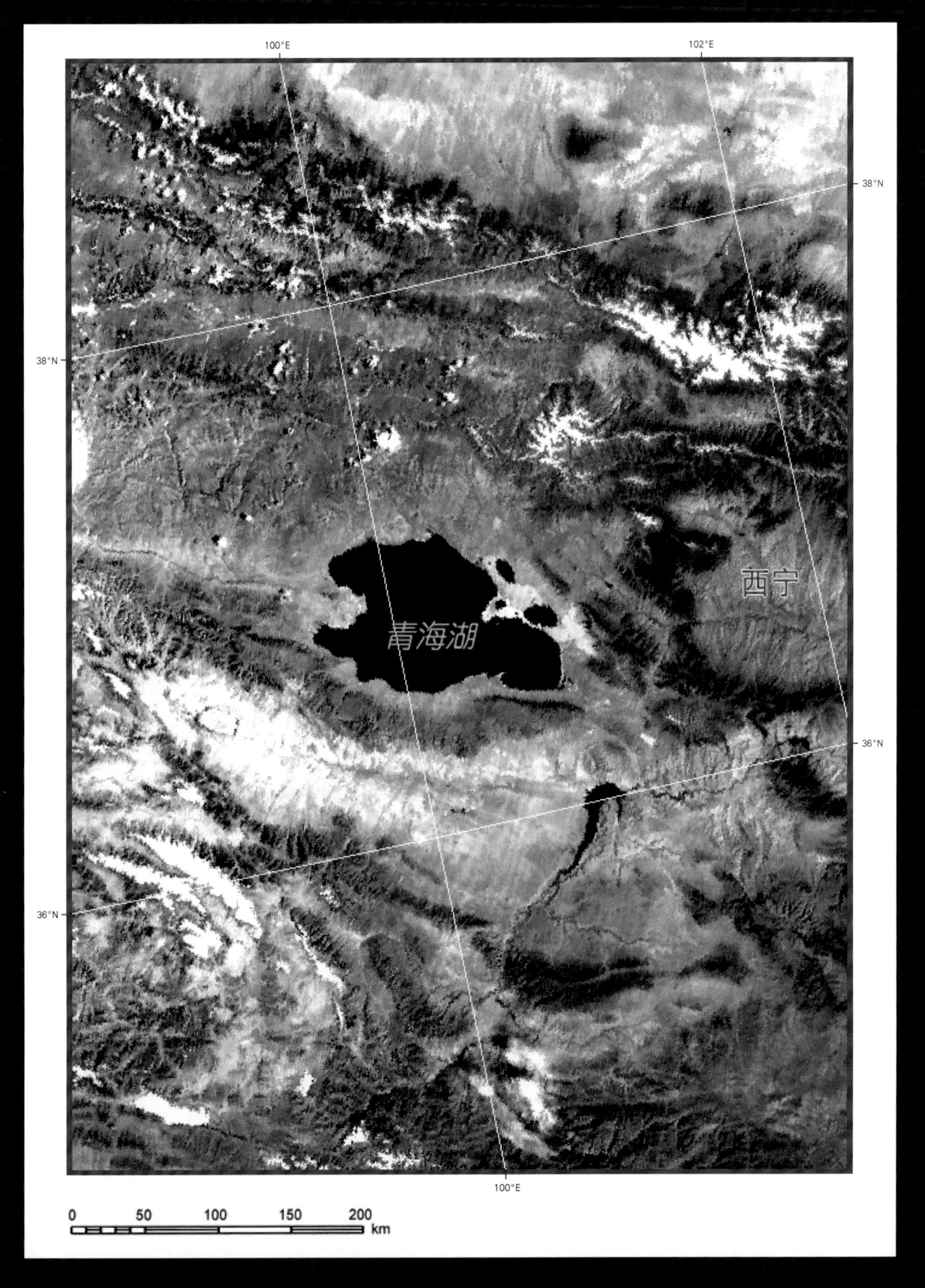

青海湖概貌

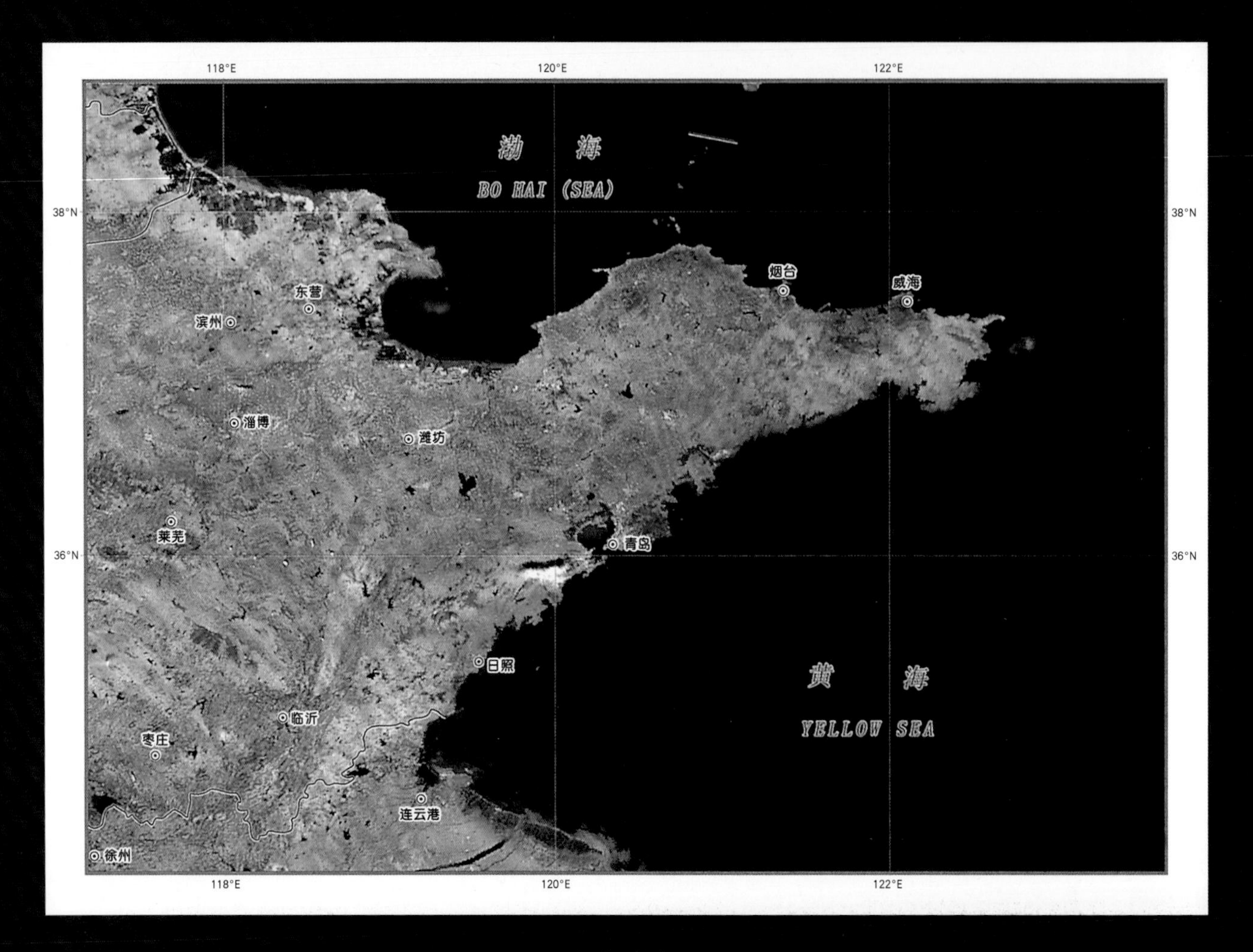
118°E
120°E
122°E
38°N
36°N
渤 海
BO HAI (SEA)
烟台
威海
东营
滨州
淄博
潍坊
莱芜
青岛
日照
黄 海
YELLOW SEA
临沂
枣庄
连云港
徐州

山东半岛

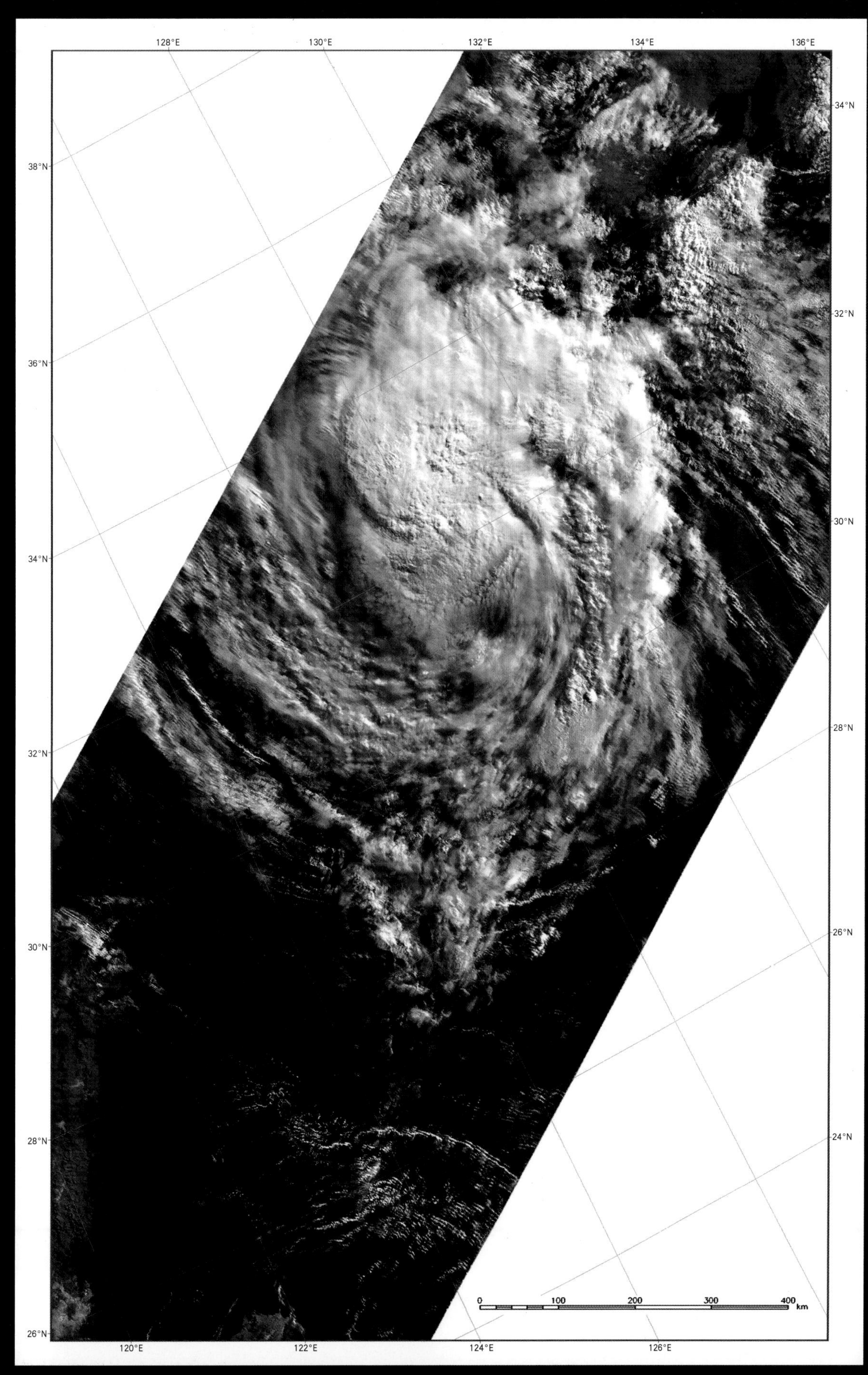
128°E
130°E
132°E
134°E
136°E
34°N
38°N
32°N
36°N
30°N
34°N
28°N
32°N
26°N
30°N
24°N
28°N
0
100
200
300
400
km
26°N
120°E
122°E
124°E
126°E

台 风

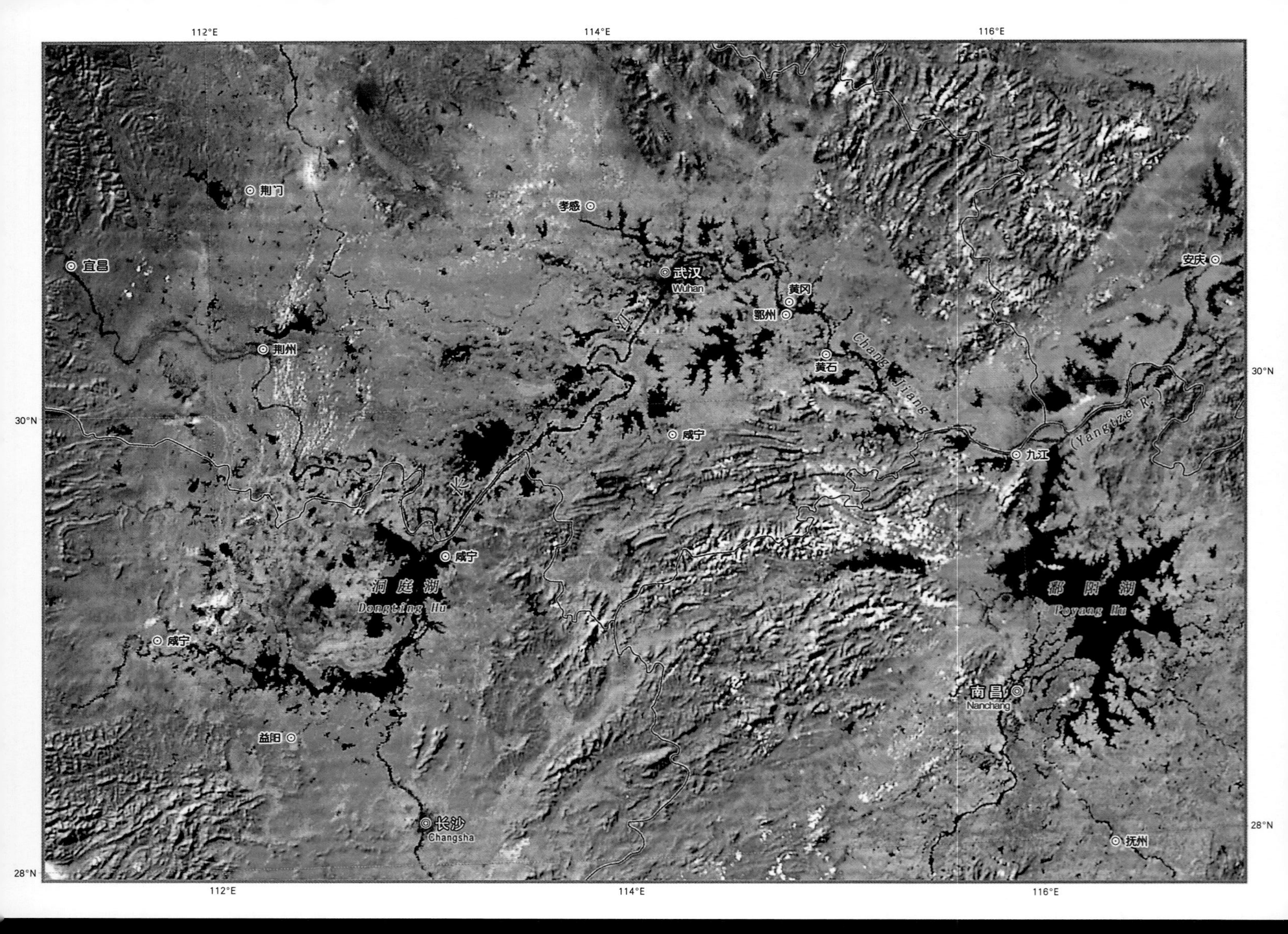
112°E
114°E
116°E
30°N
28°N
荆门
孝感
宜昌
武汉
Wuhan
黄冈
鄂州
安庆
荆州
黄石
Chang Jiang
咸宁
九江
(Yangtze R.)
长
江
洞庭湖
Dongting Hu
鄱阳湖
Poyang Hu
南昌
Nanchang
益阳
长沙
Changsha
抚州

洞庭湖、鄱阳湖流域

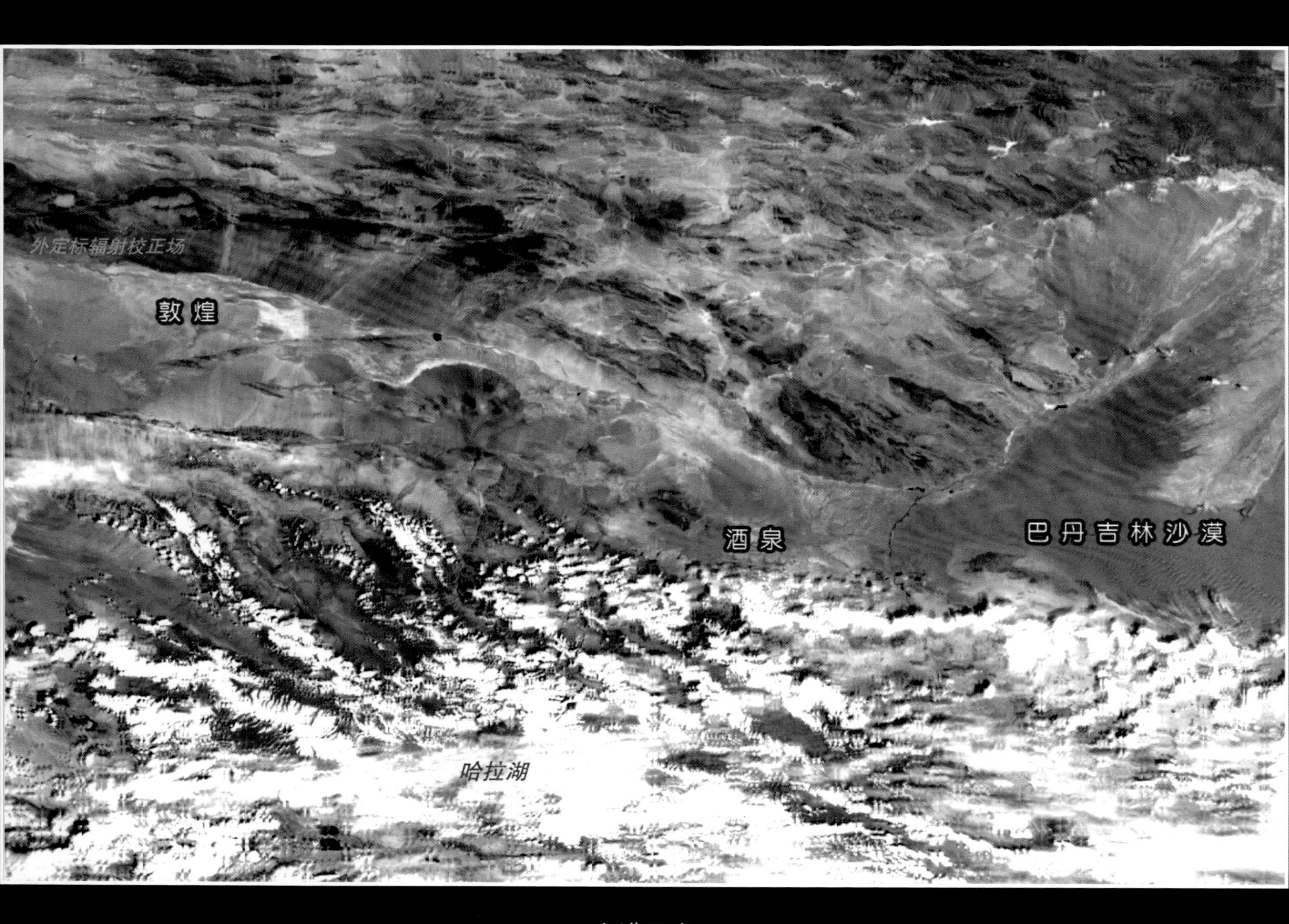

大漠风光

98°E
100°E
102°E
104°E
42°N
40°N
38°N
36°N
34°N
嘉峪关
酒泉
张掖
金昌
武威
哈拉湖
青海湖
Qinghai Hu
西宁
Xining
白银
兰州
Lanzhou
扎陵湖
鄂陵湖

沙漠与绿洲

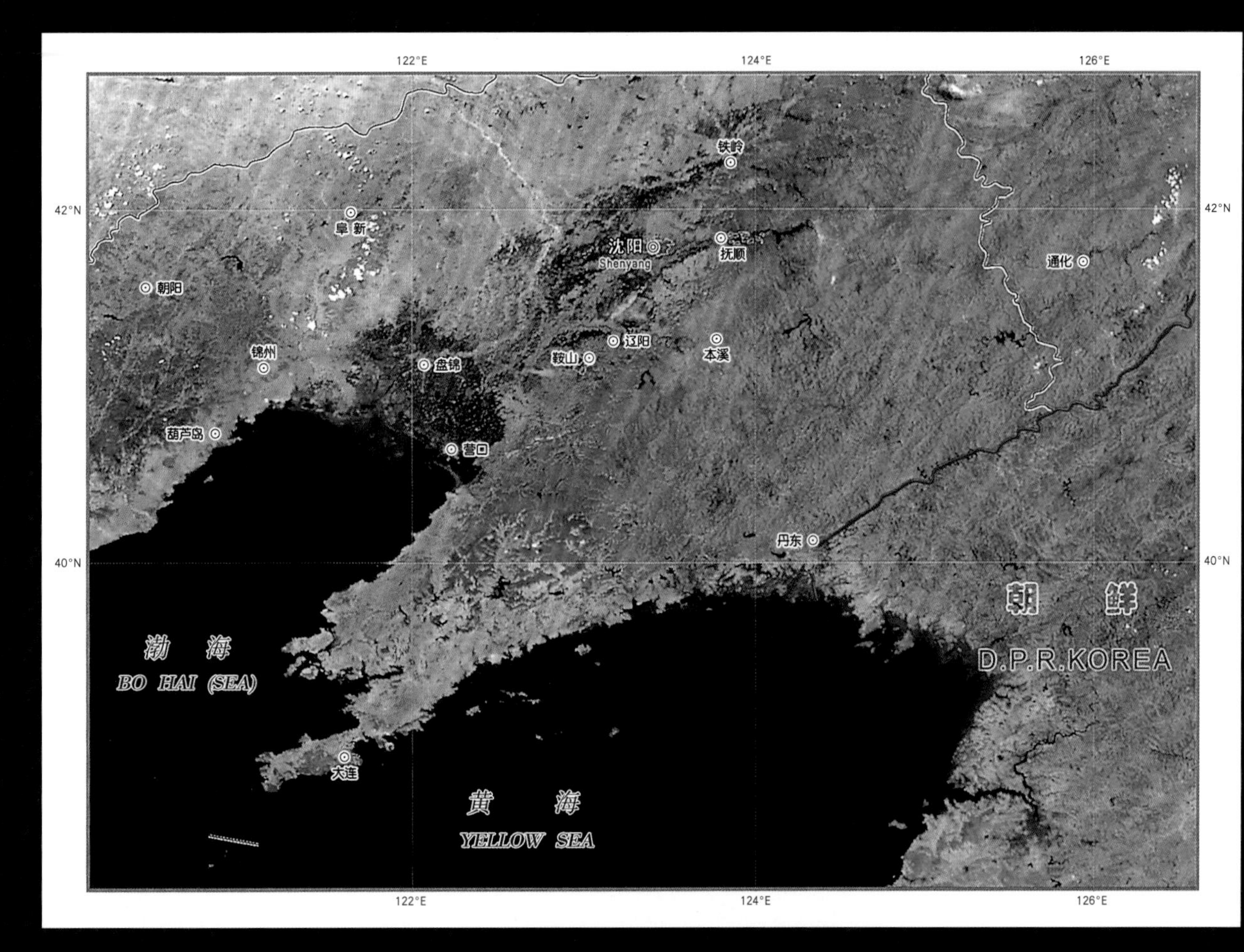

122°E
124°E
126°E
42°N
40°N
铁岭
阜新
沈阳
Shenyang
抚顺
通化
朝阳
辽阳
本溪
鞍山
锦州
盘锦
葫芦岛
营口
丹东
朝 鲜
D.P.R.KOREA
渤 海
BO HAI (SEA)
大连
黄 海
YELLOW SEA

辽东半岛

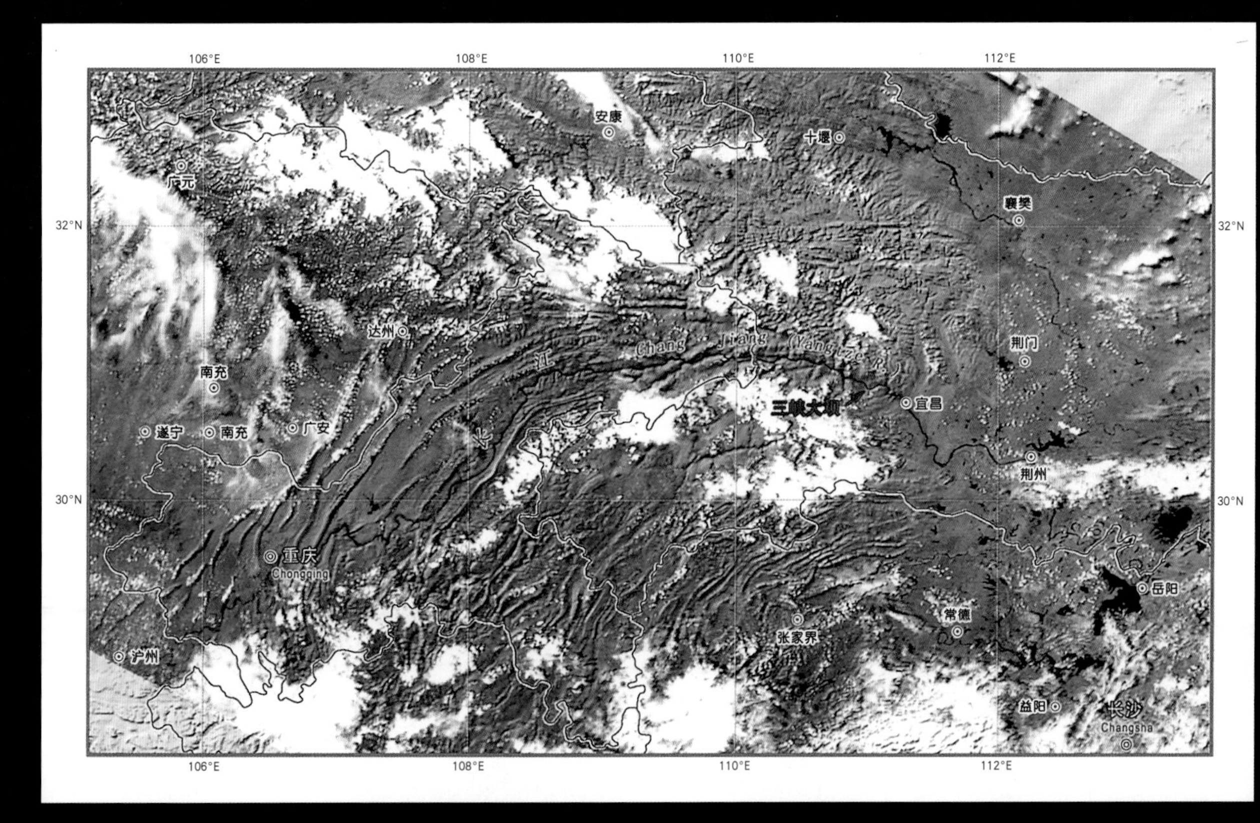

106°E
108°E
110°E
112°E
32°N
30°N
安康
十堰
广元
襄樊
达州
Chang Jiang (Yangtze)
荆门
南充
三峡大坝
宜昌
遂宁
广安
荆州
重庆
Chongqing
岳阳
常德
张家界
泸州
益阳
长沙
Changsha

长江三峡地区

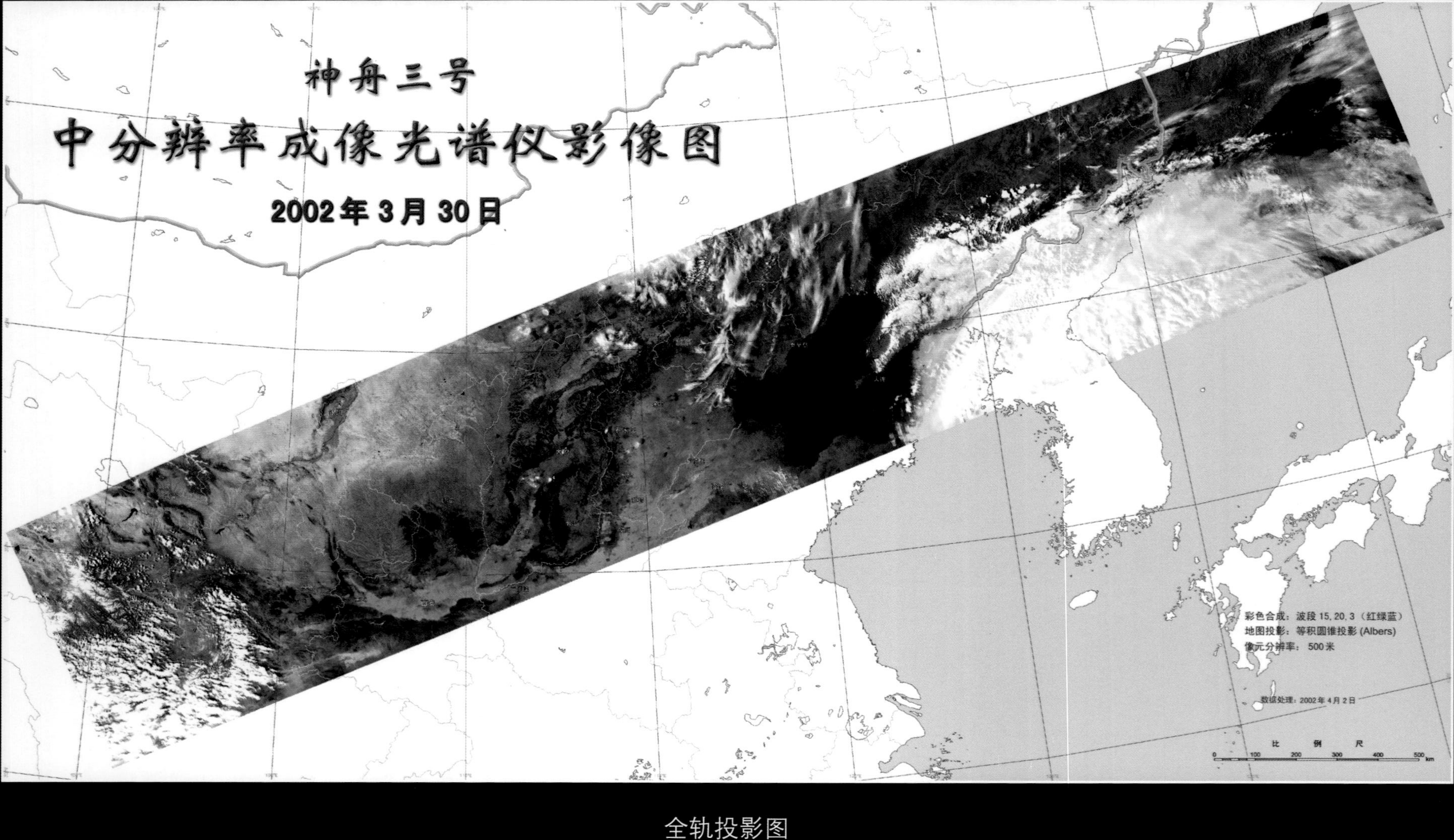
神舟三号
中分辨率成像光谱仪影像图
2002年3月30日
彩色合成：波段 15, 20, 3（红绿蓝）
地图投影：等积圆锥投影 (Albers)
像元分辨率：500米
数据处理：2002年4月2日
比 例 尺
0 100 200 300 400 500 km

全轨投影图

异域掠影

Yiyu lueying

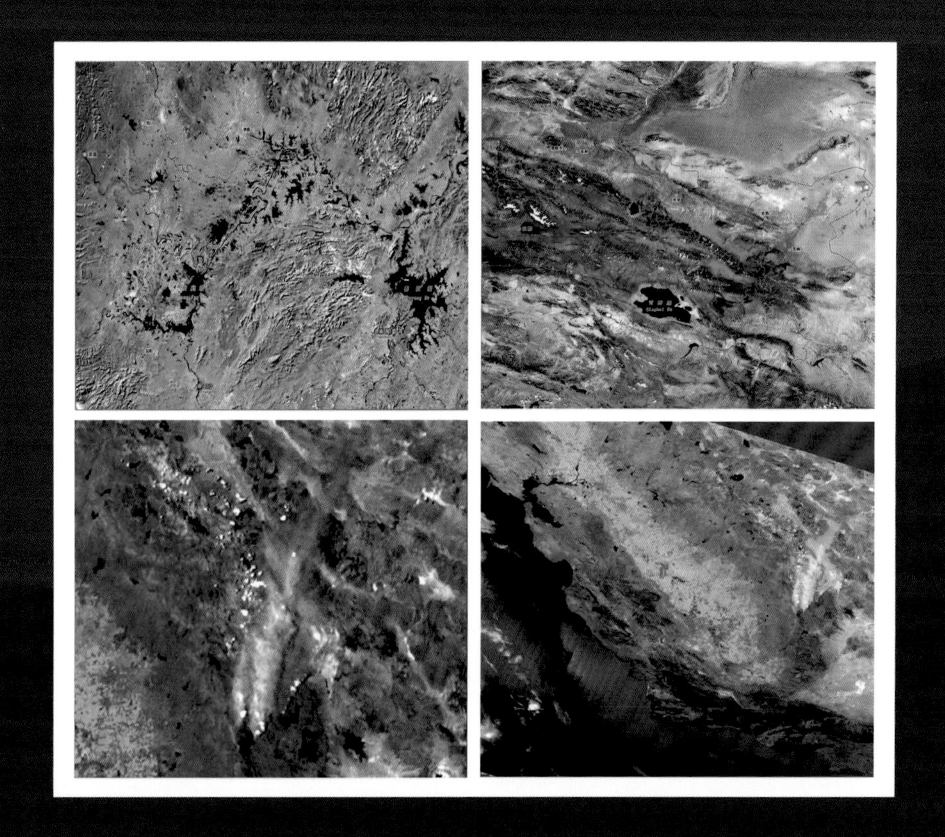

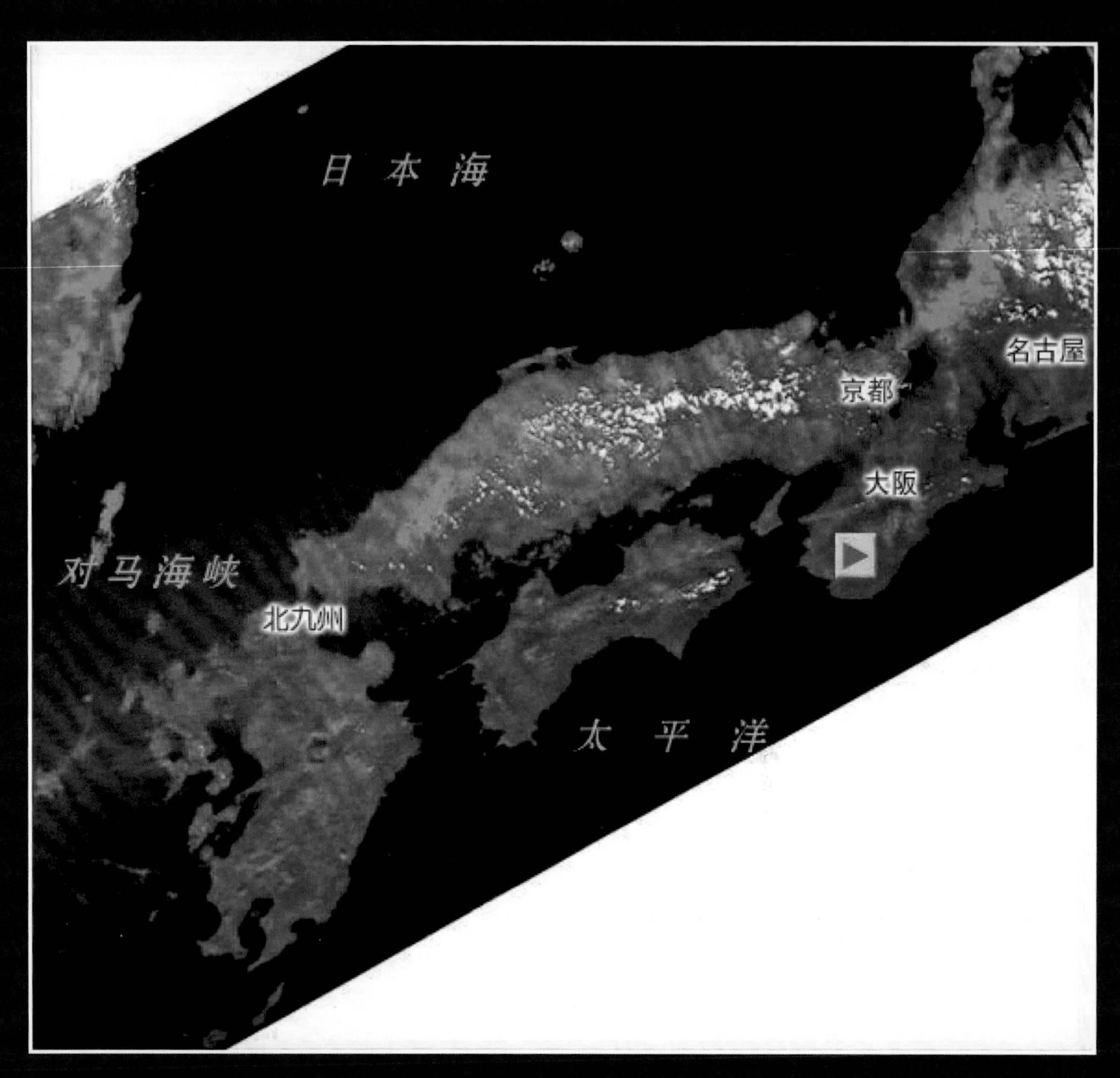

日本西部

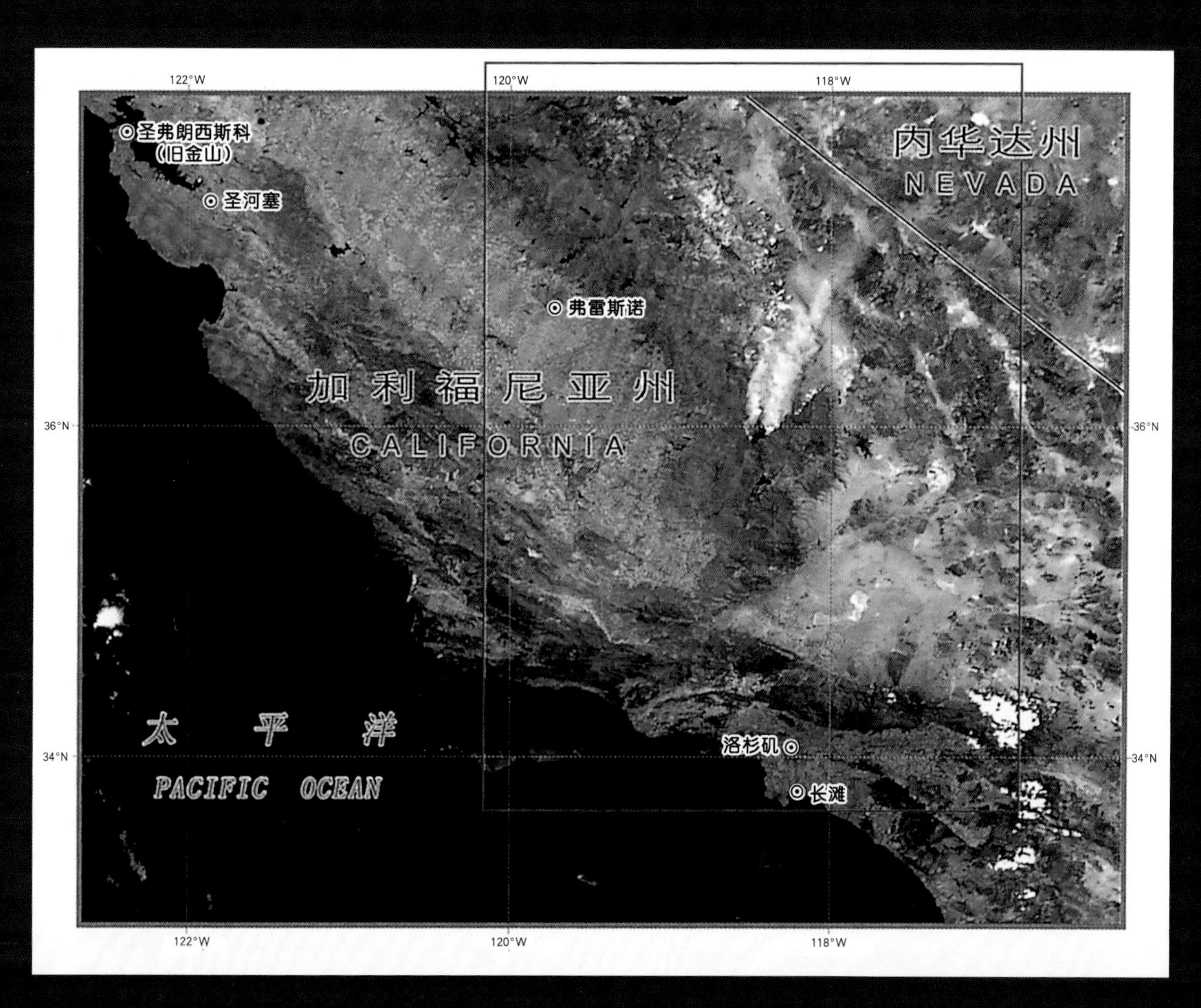

美国加利福尼亚山地森林火灾

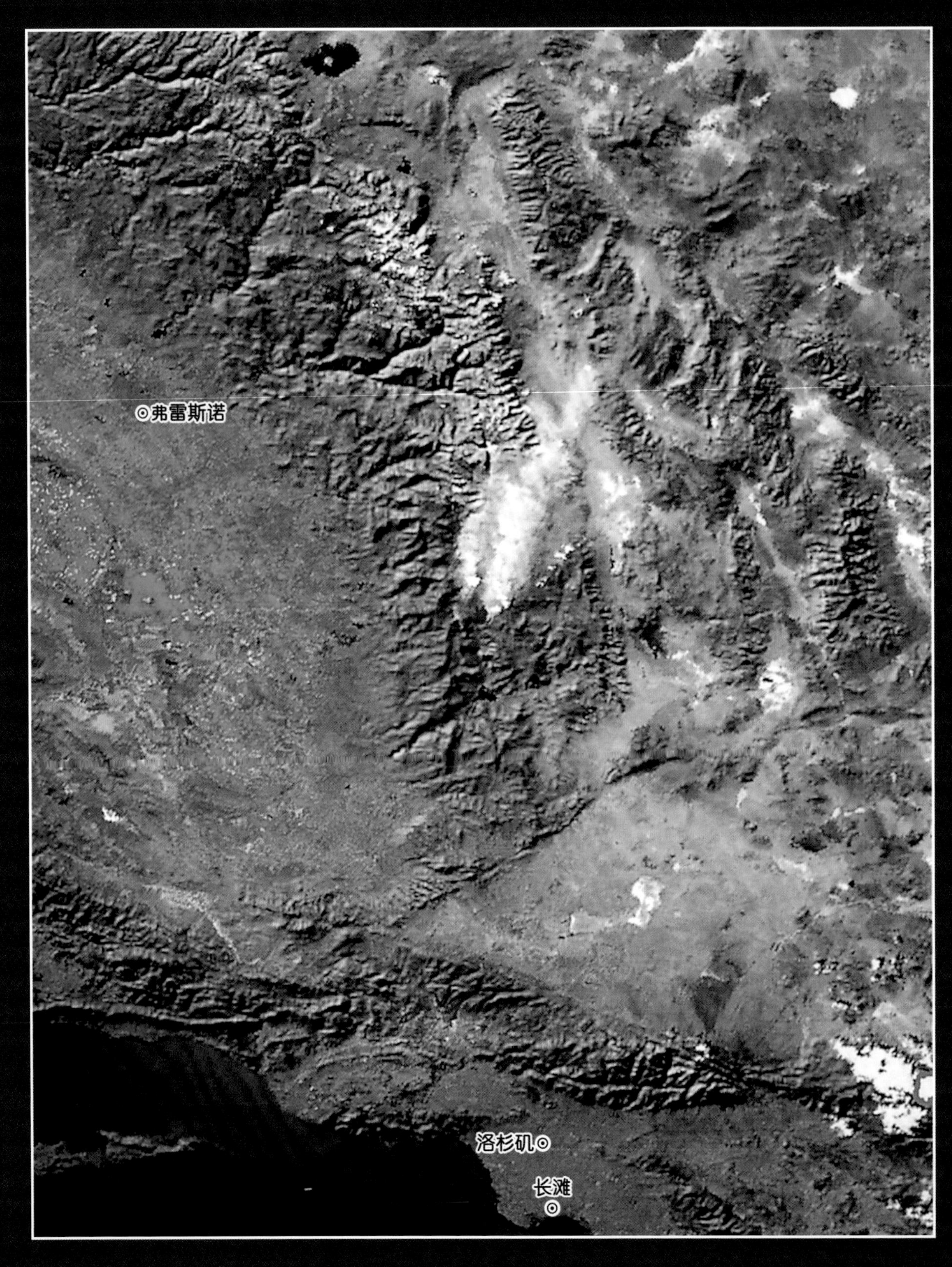

美国加利福尼亚山地森林火灾局部放大图

美国火灾

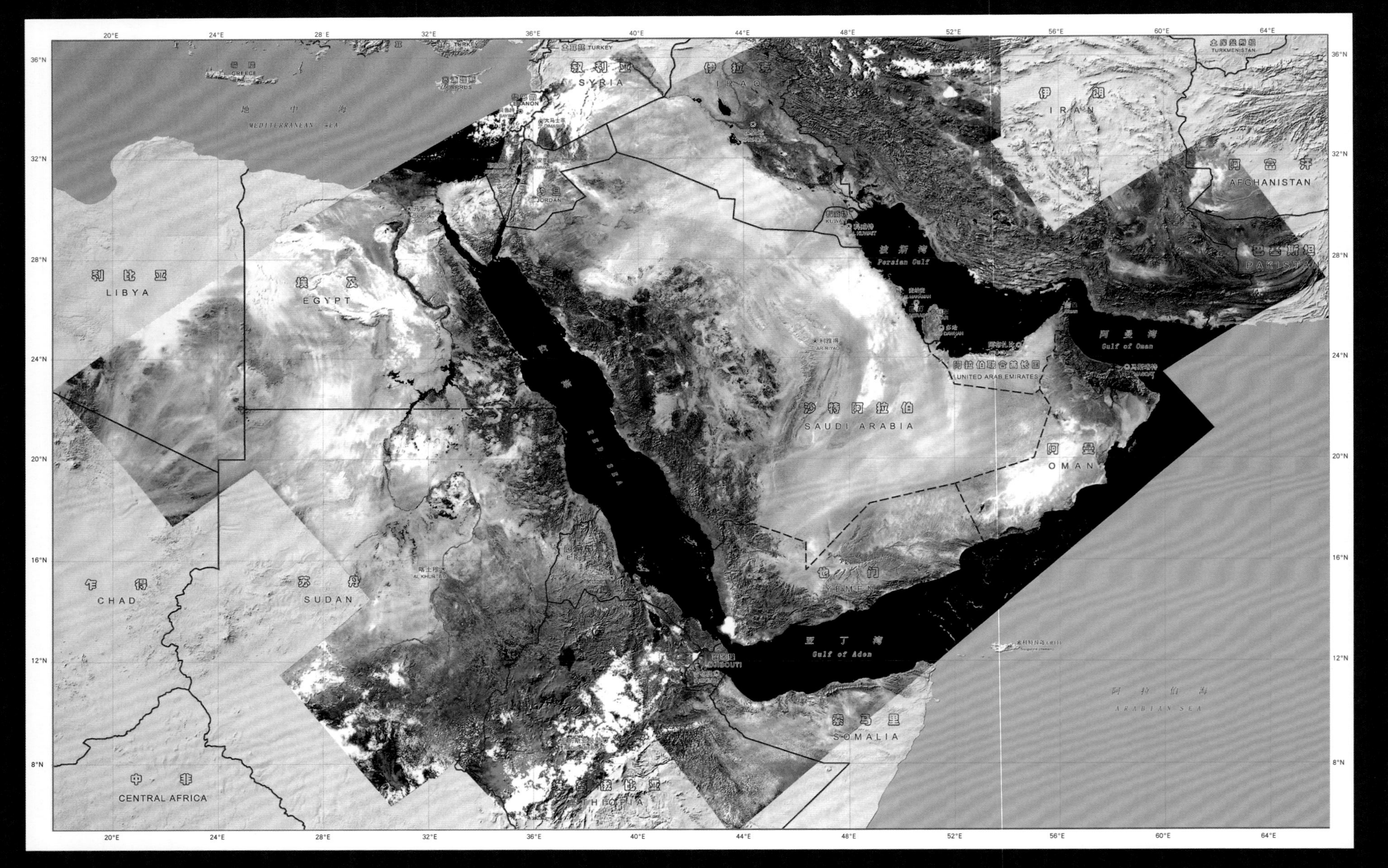

地 中 海
MEDITERRANEAN SEA
GREECE
TURKEY
叙利亚
SYRIA
伊拉克
IRAQ
伊朗
IRAN
阿富汗
AFGHANISTAN
TURKMENISTAN
巴基斯坦
PAKISTAN
JORDAN
KUWAIT
波斯湾
Persian Gulf
阿曼湾
Gulf of Oman
阿拉伯联合酋长国
UNITED ARAB EMIRATES
沙特阿拉伯
SAUDI ARABIA
阿曼
OMAN
也门
YEMEN
亚丁湾
Gulf of Aden
阿拉伯海
ARABIAN SEA
DJIBOUTI
索马里
SOMALIA
RED SEA
利比亚
LIBYA
埃及
EGYPT
乍得
CHAD
苏丹
SUDAN
中非
CENTRAL AFRICA
20°E
24°E
28°E
32°E
36°E
40°E
44°E
48°E
52°E
56°E
60°E
64°E
36°N
32°N
28°N
24°N
20°N
16°N
12°N
8°N

红海沿岸

印度古吉拉特邦

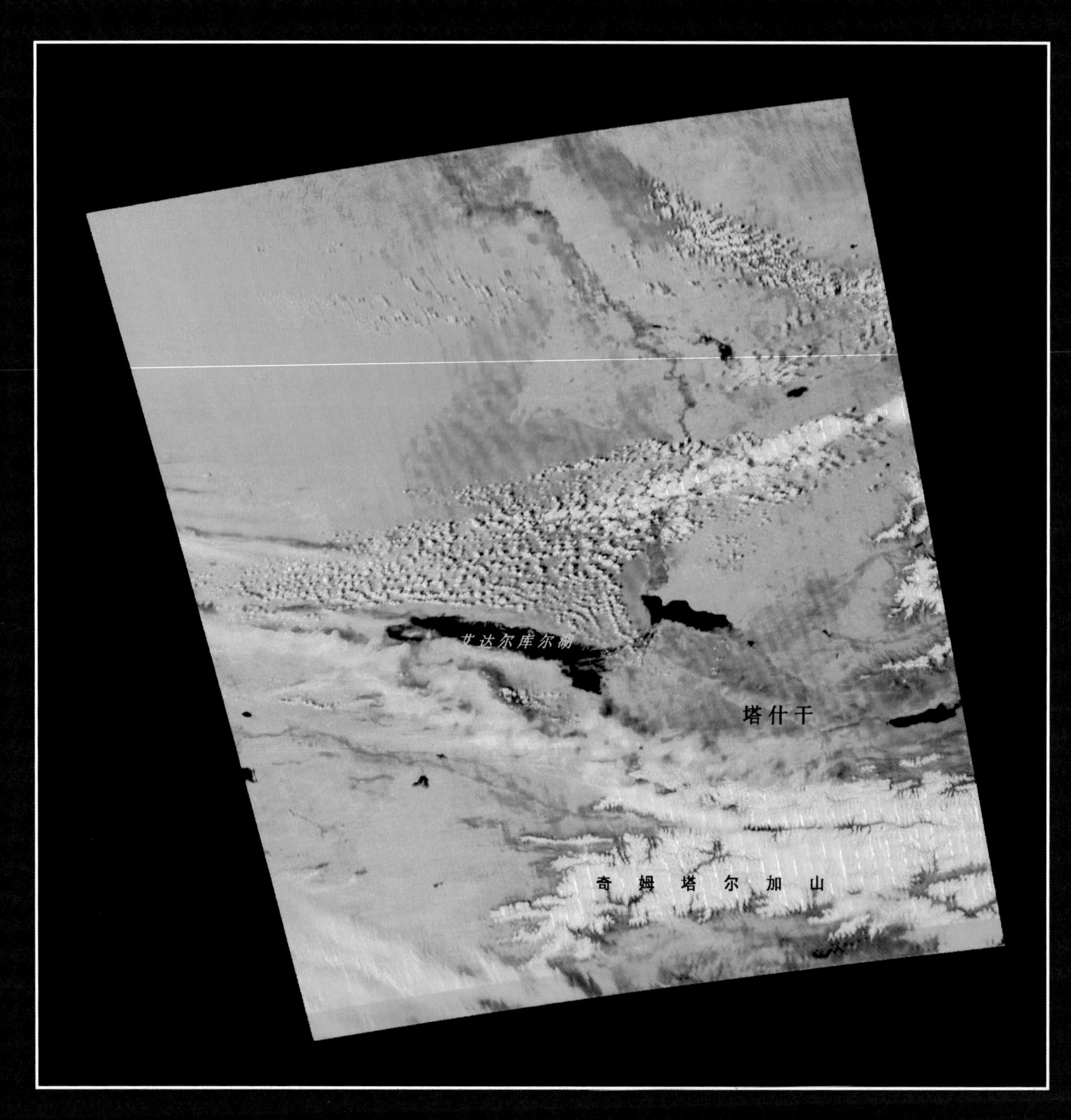

奇姆塔尔加山积雪

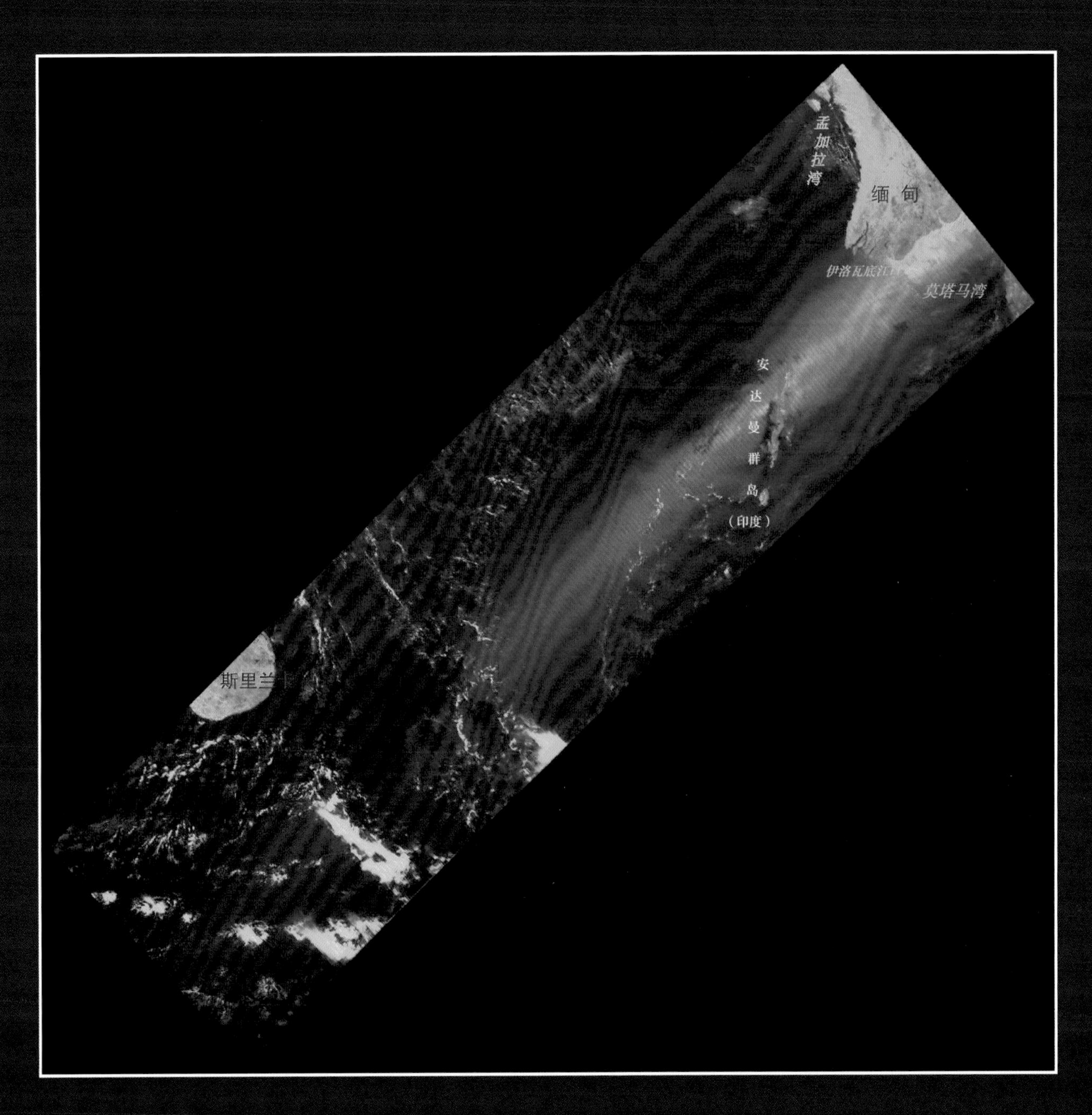

孟加拉湾水色

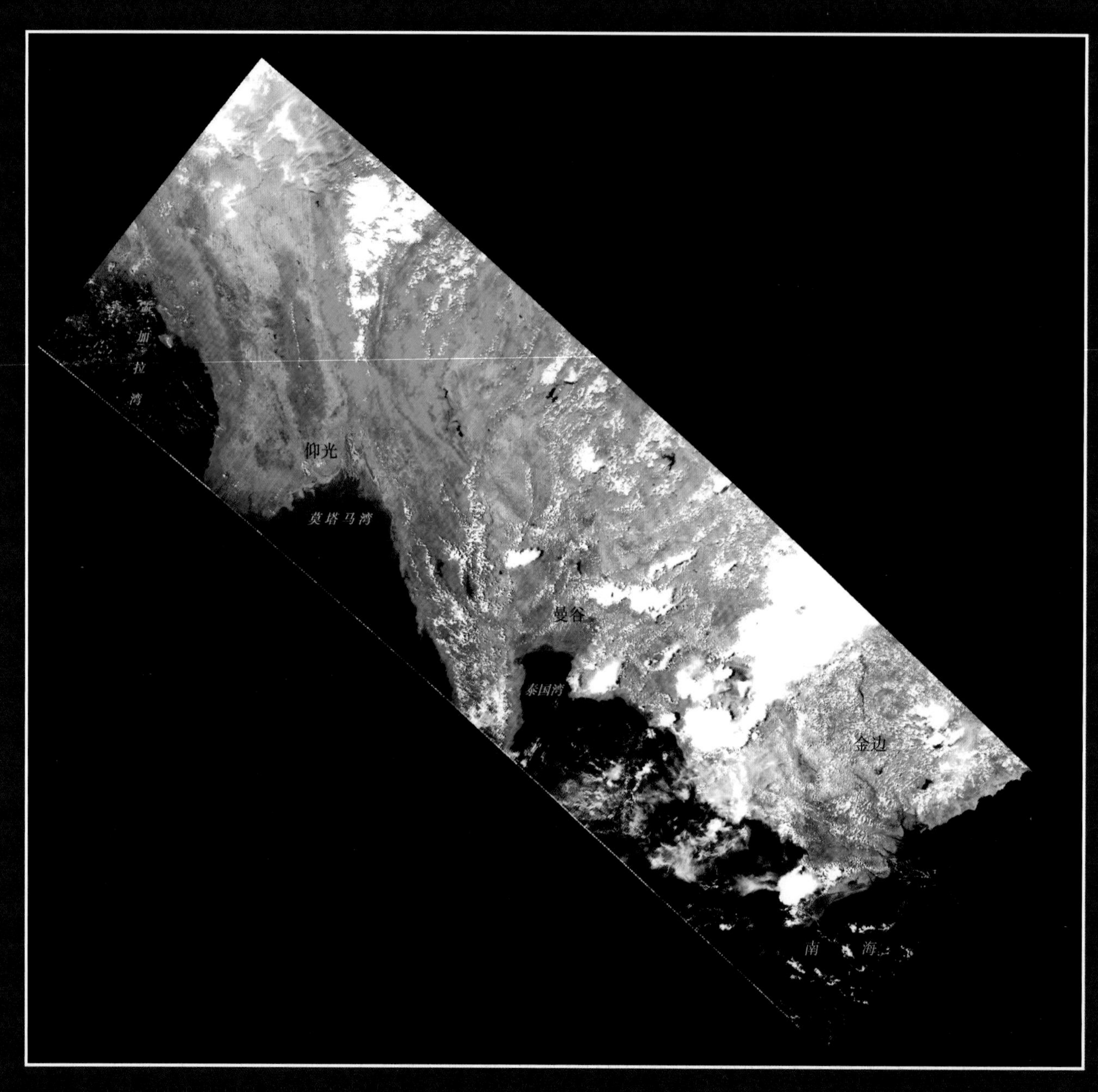

东南亚沿海影像

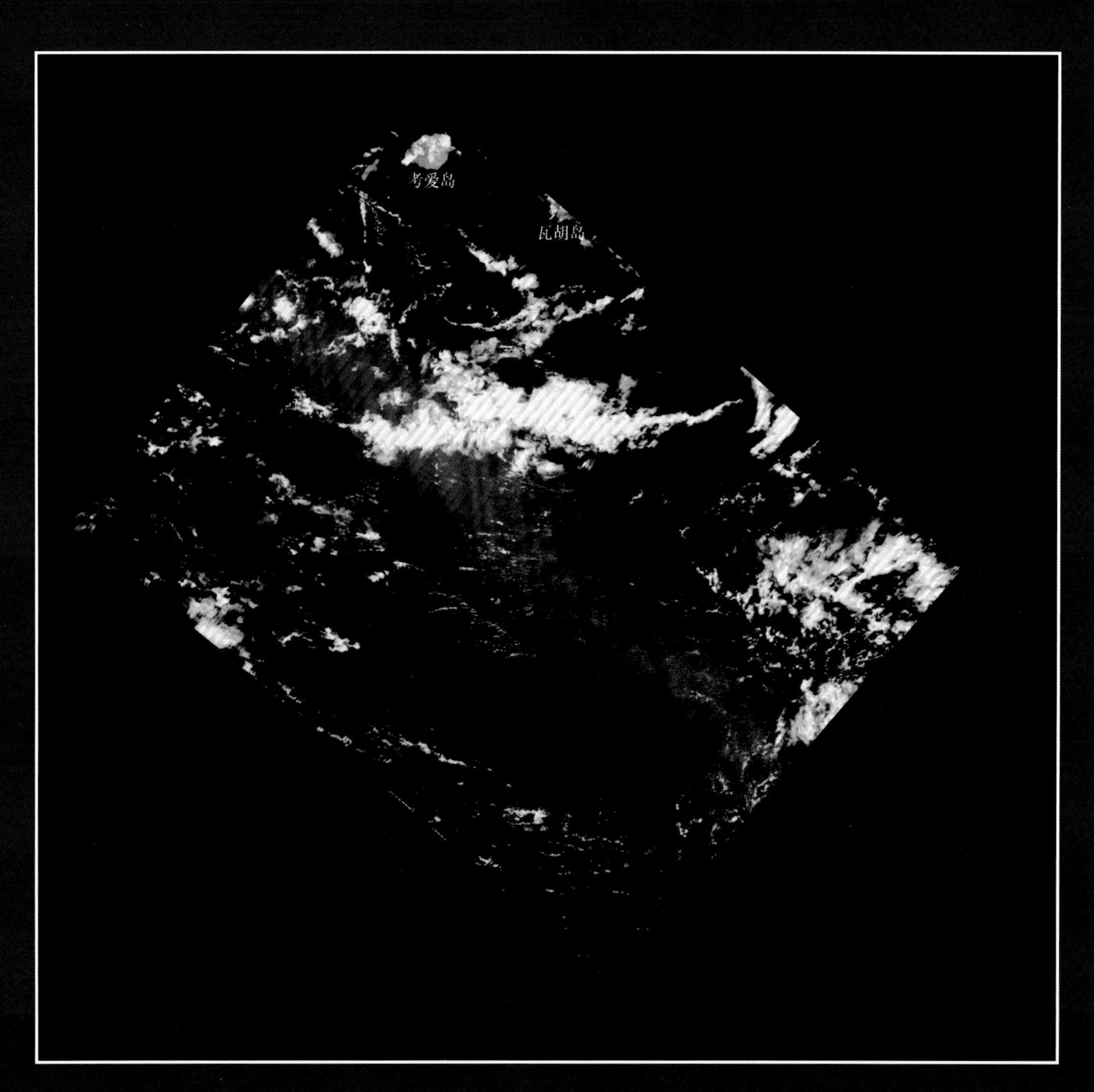

夏威夷水色

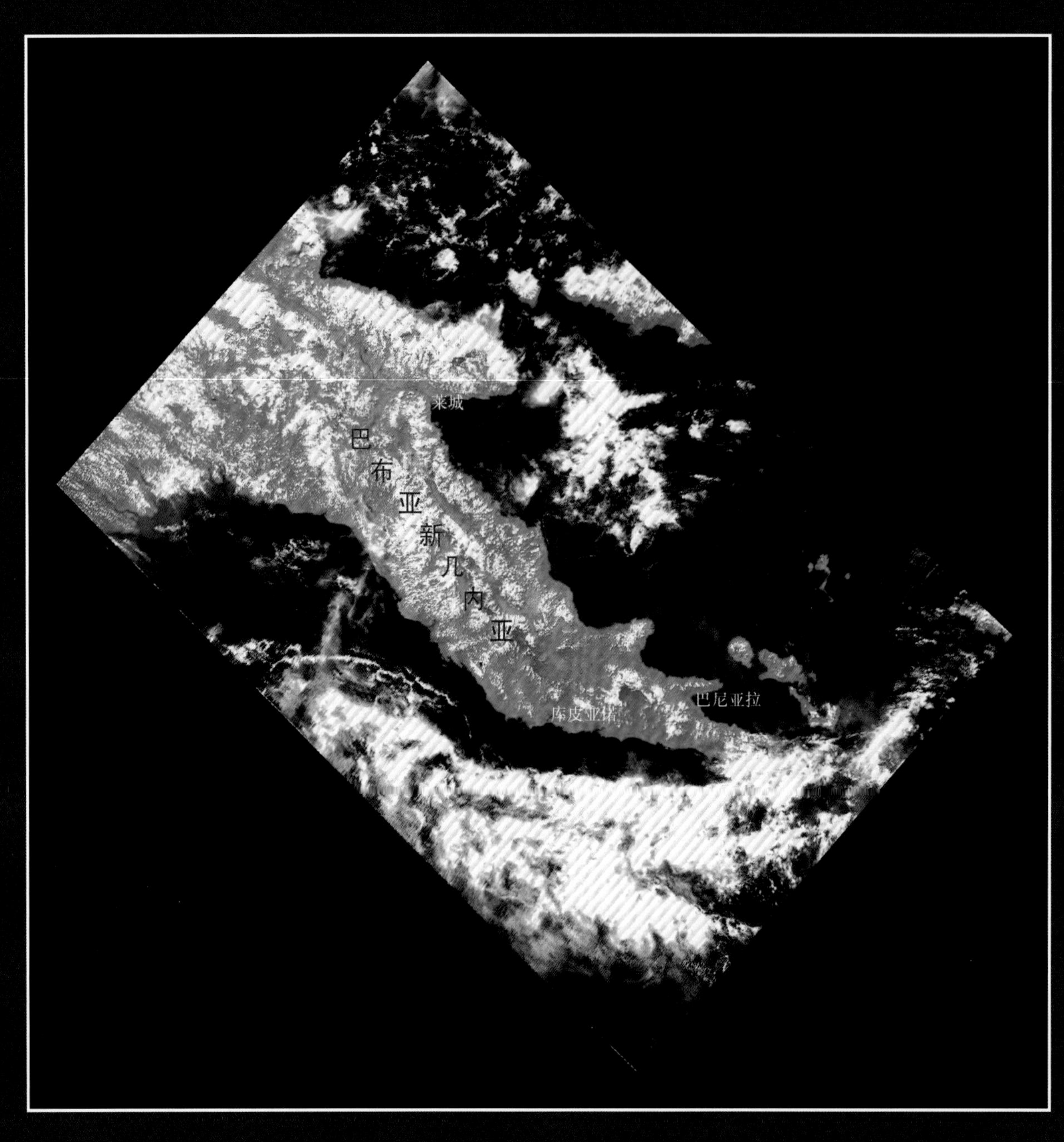

新几内亚岛东部

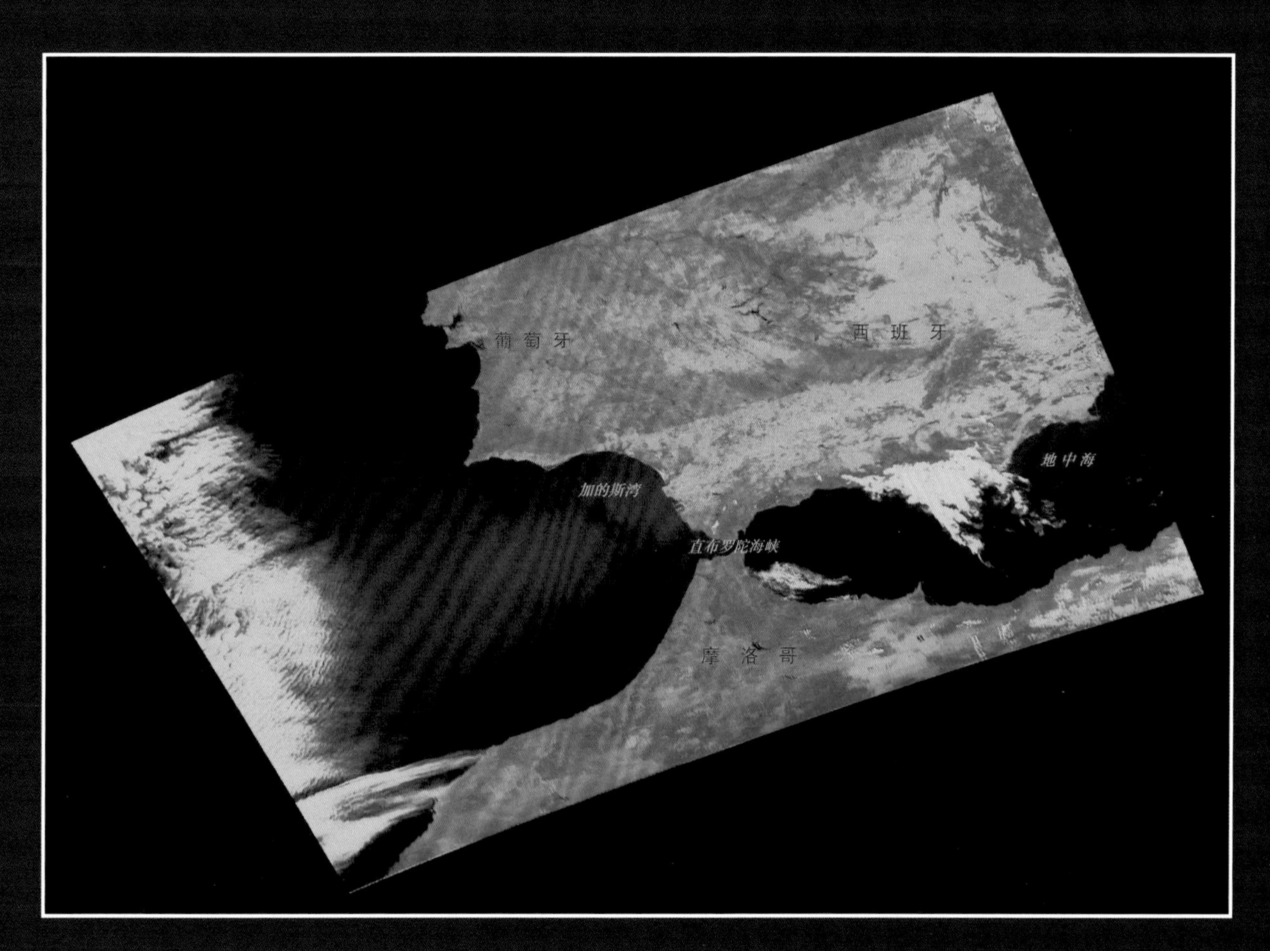

直布罗陀海峡

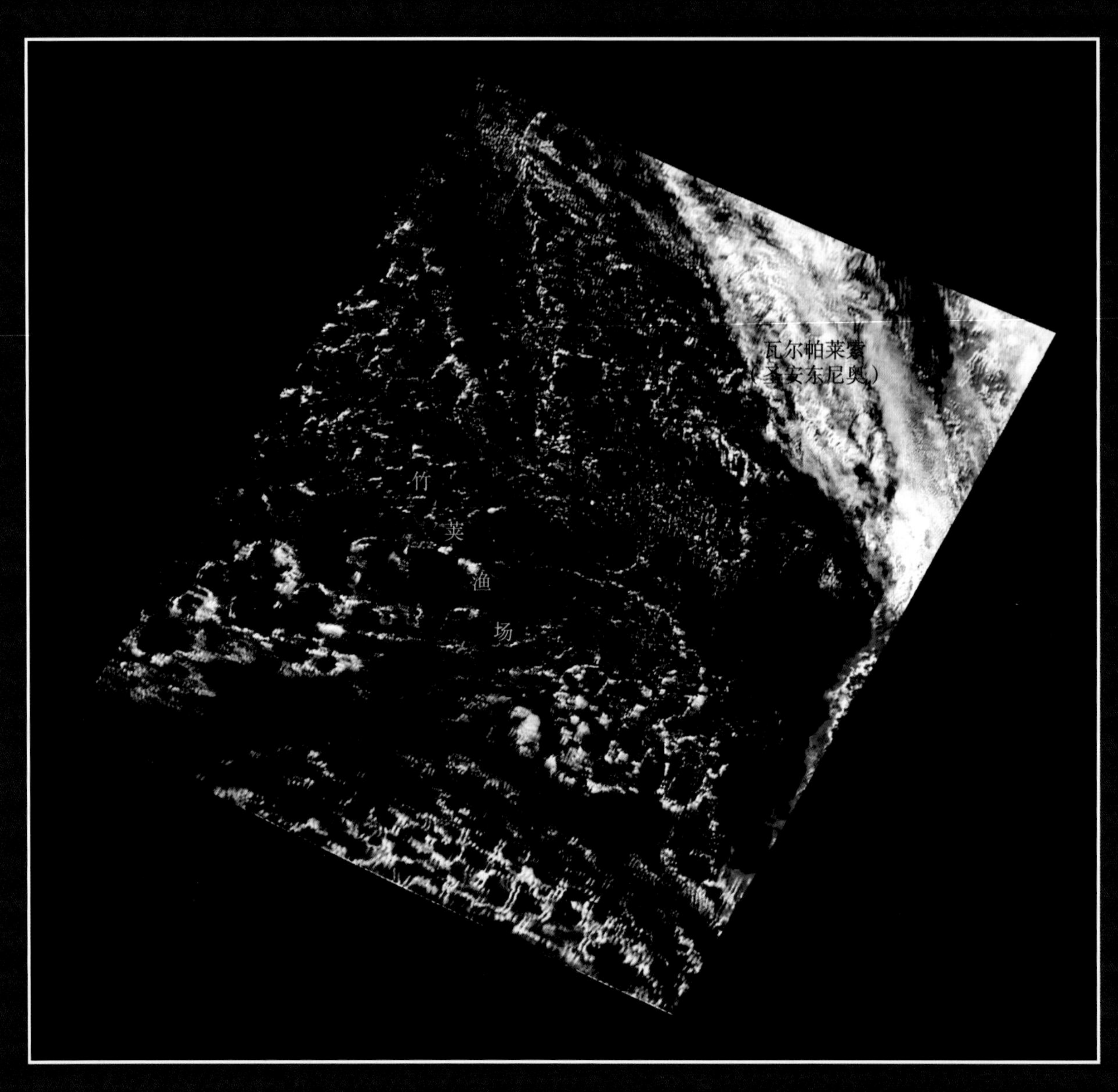

东太平洋竹筴渔场水色环境

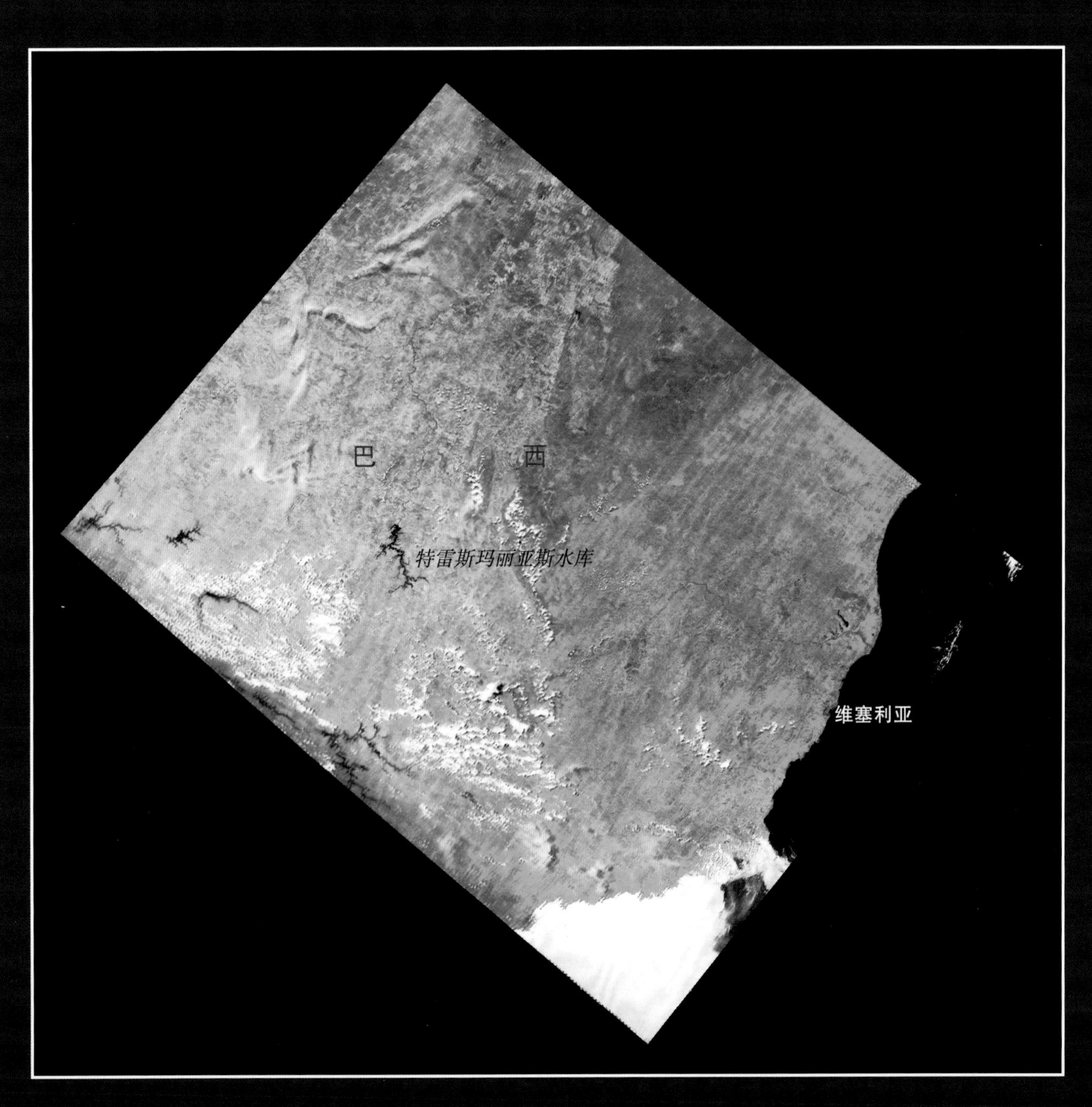

巴西东南部

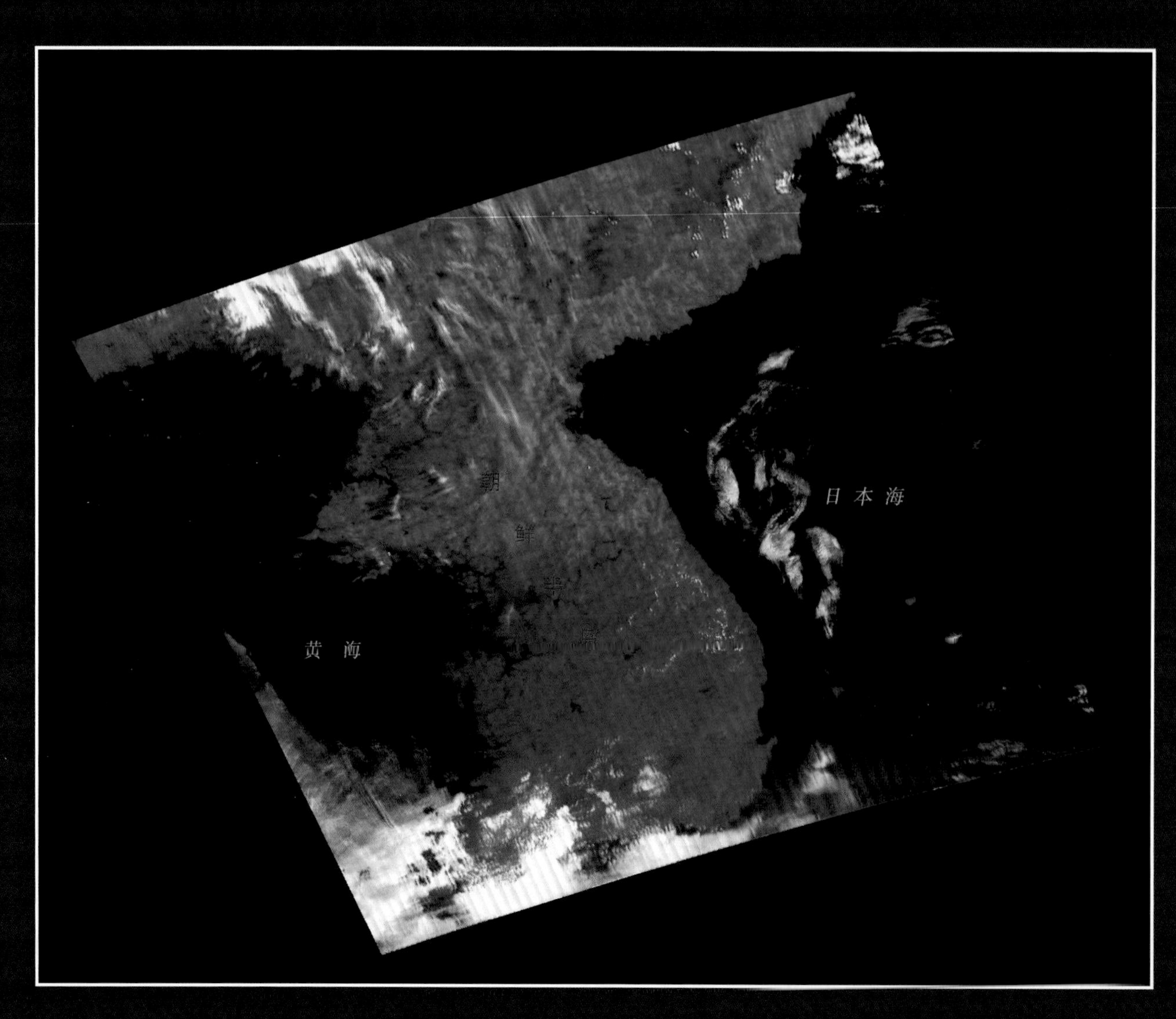

朝鲜半岛

功能与专题

Gongneng yu Zhuanti

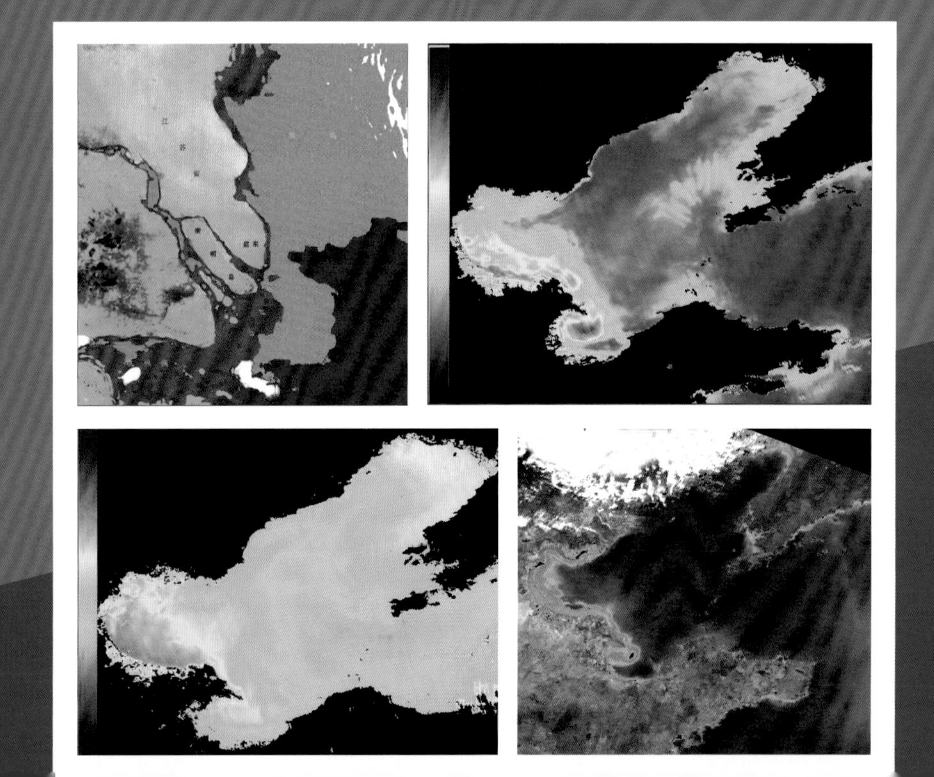

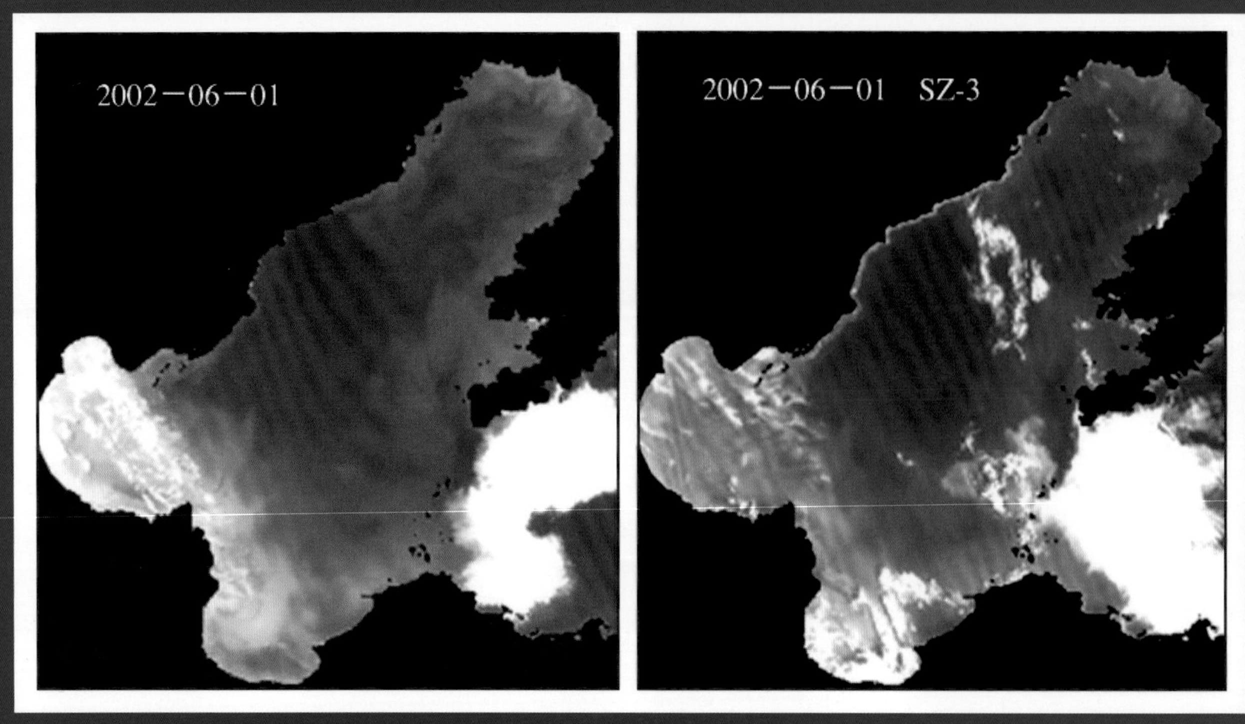

CMODIS与SeaWiFS离水辐射率比较图

在该海域提取CMODIS的413 nm，443 nm，493 nm，513 nm，553 nm，673 nm，773 nm波段的TOA辐亮度与SeaWiFS 412 nm，443 nm，490 nm，510 nm，555 nm，670 nm波段的TOA辐亮度进行比较，如下二维直方图所示。

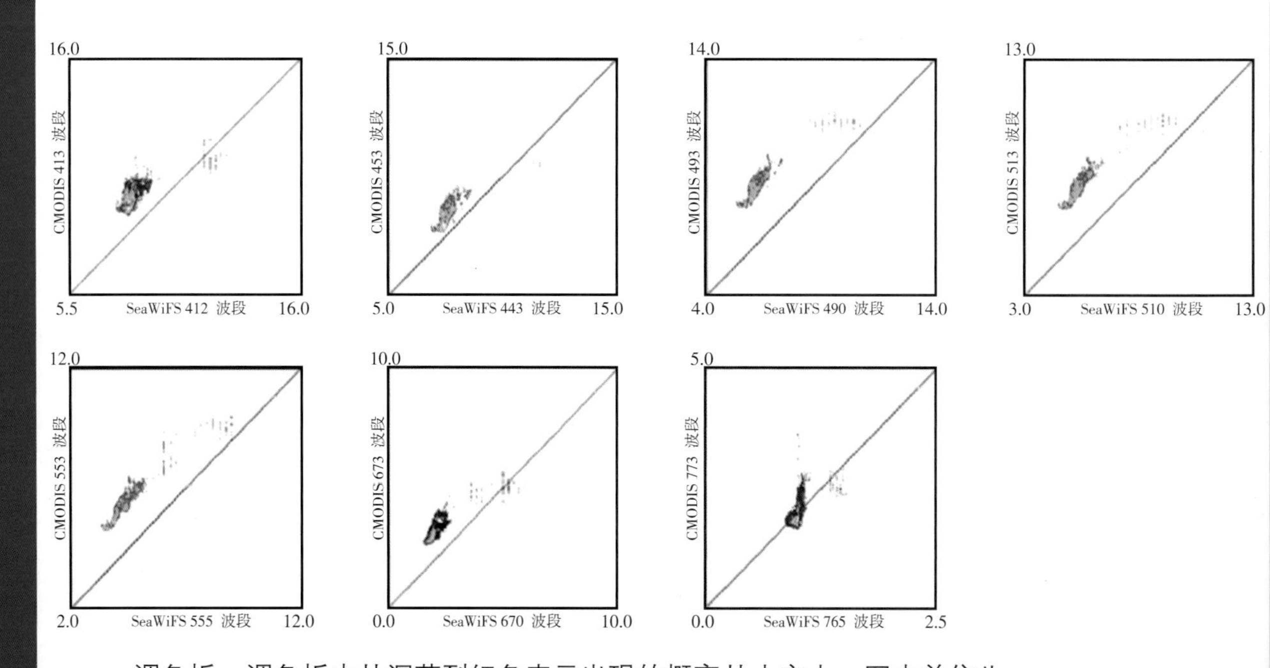

调色板：调色板中从深蓝到红色表示出现的概率从小变大。图中单位为：

$$mw/(cm^2 \cdot \mu m \cdot S_r)$$

CMODIS与SEAWIFS离水辐亮度的比较图

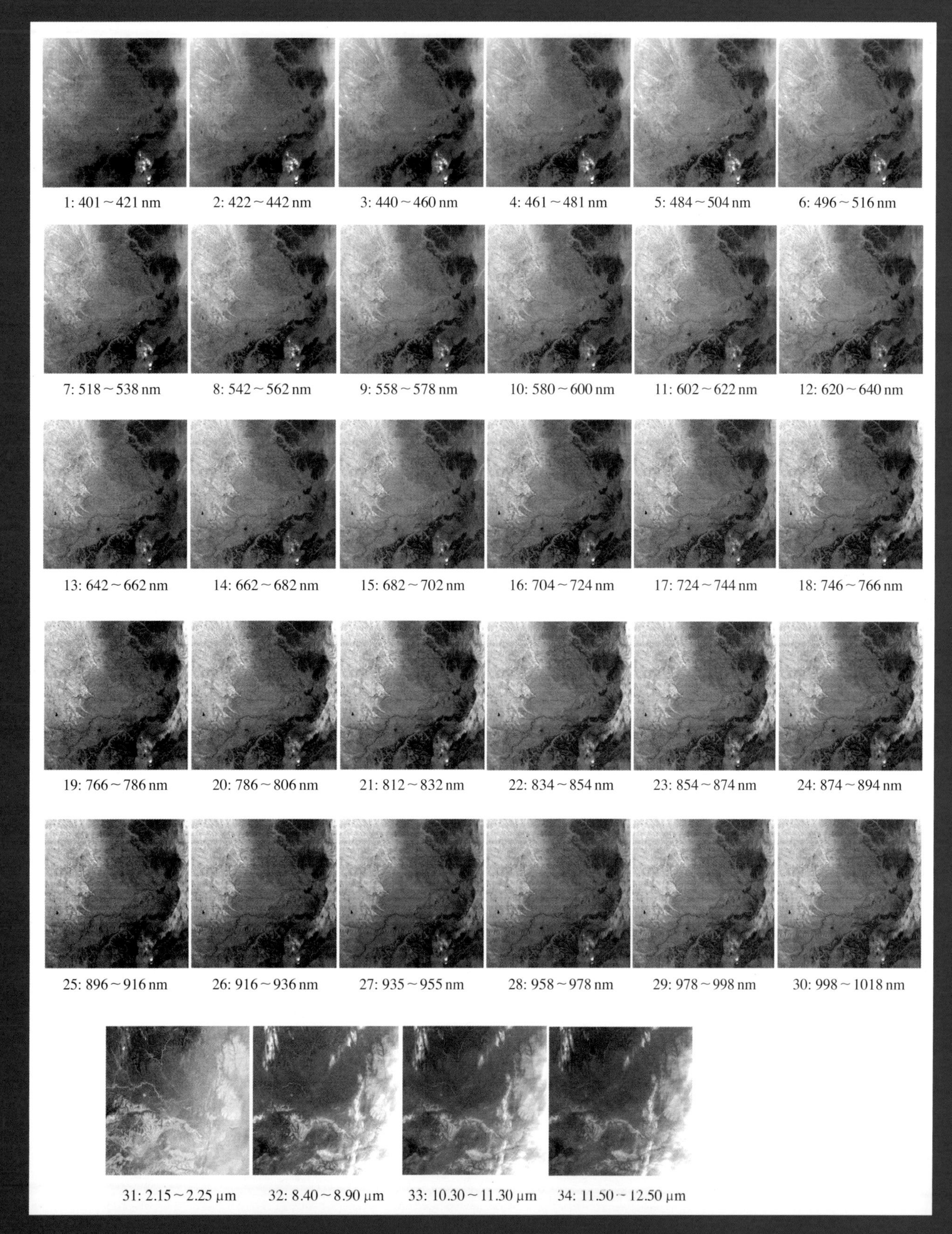

CMODIS 34波段单色图

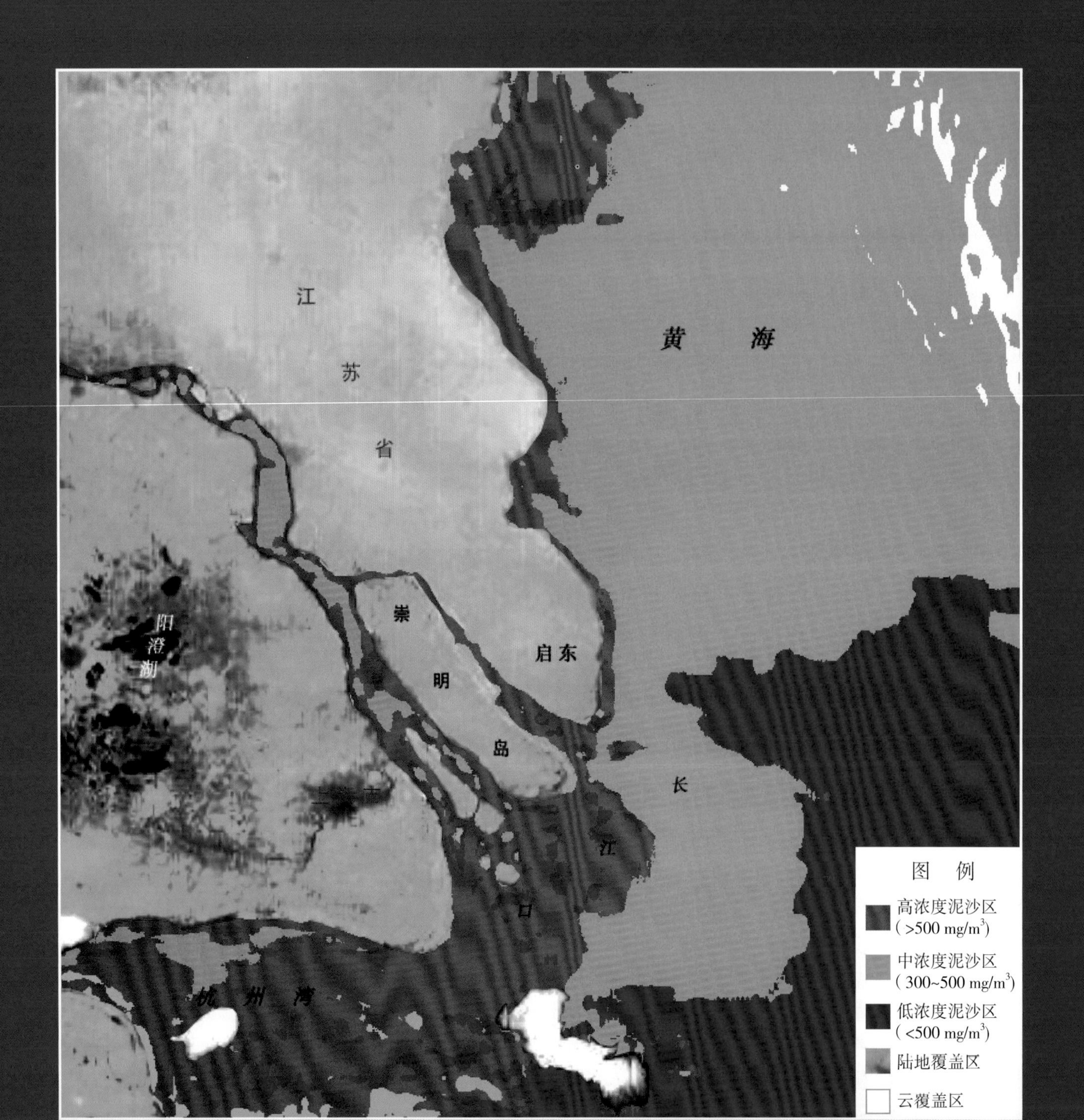
江
苏
省
黄　海
阳
澄
湖
崇
明
岛
启东
长
江
口
杭　州　湾
图　例
高浓度泥沙区
(>500 mg/m³)
中浓度泥沙区
(300~500 mg/m³)
低浓度泥沙区
(<500 mg/m³)
陆地覆盖区
云覆盖区

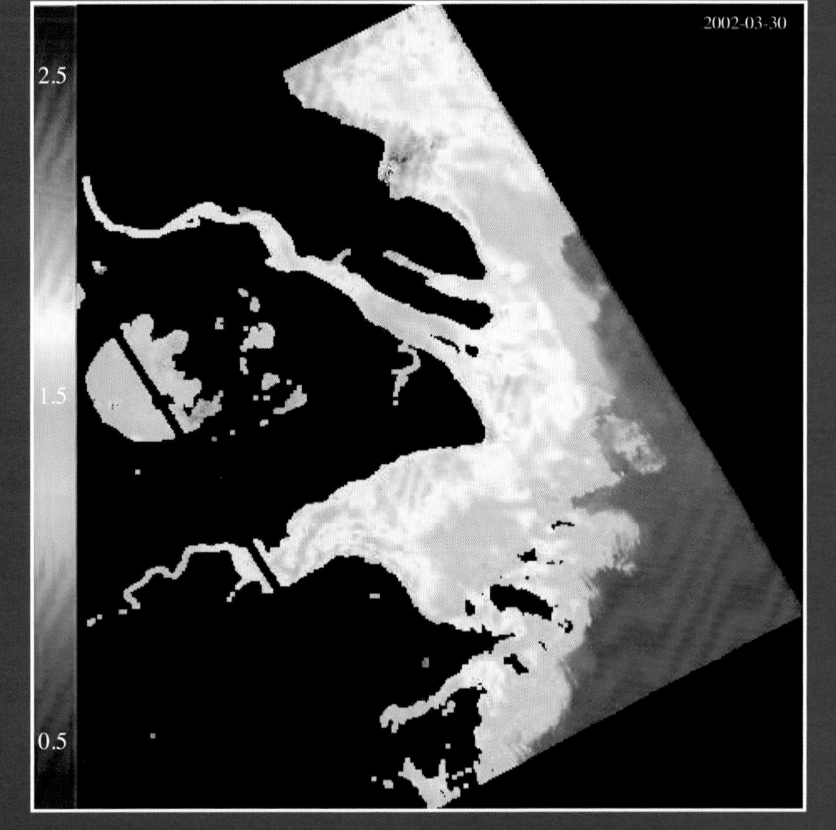

长江口叶绿素专题图（1）

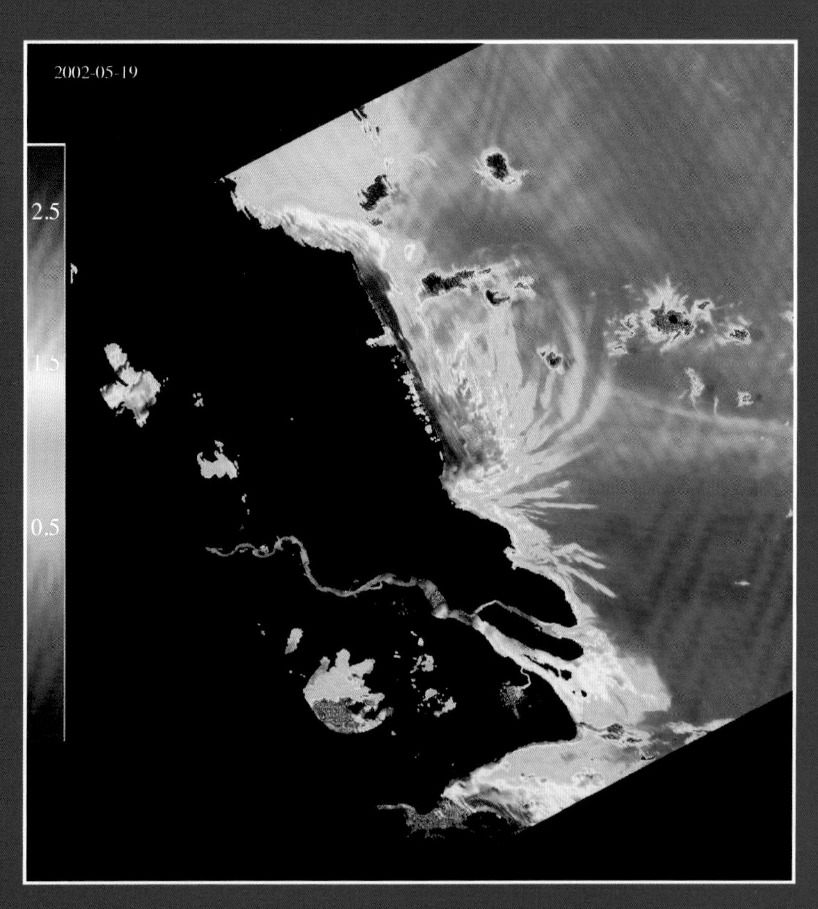

长江口叶绿素专题图（2）

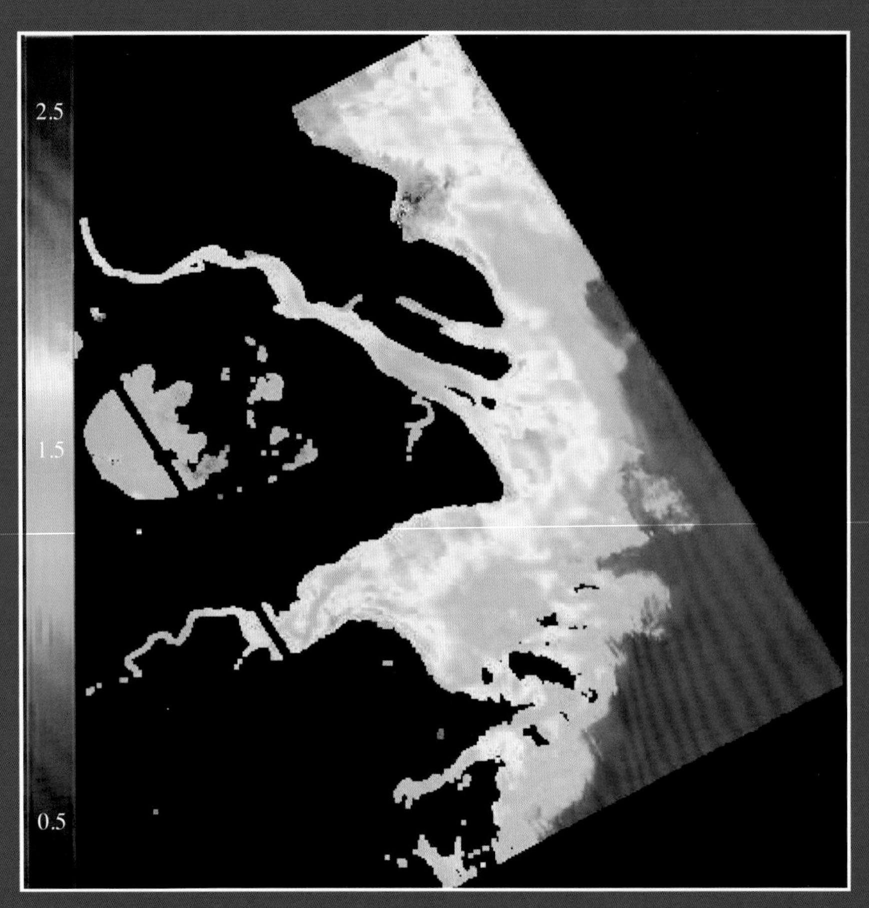

长江口悬浮泥沙图（1）

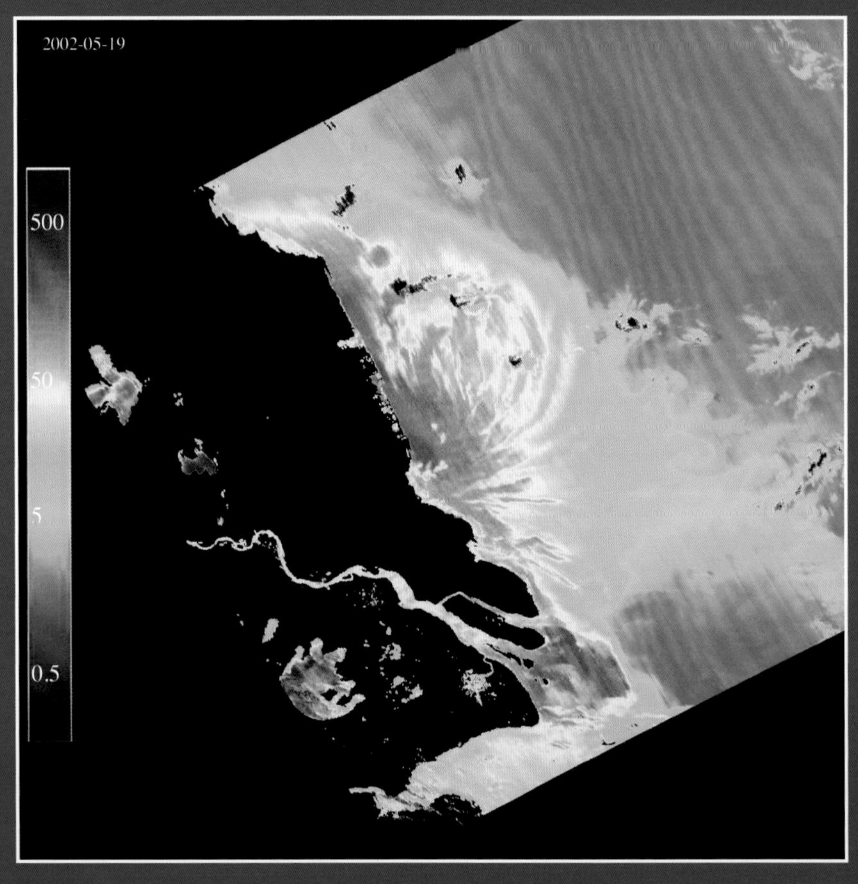

长江口悬浮泥沙图（2）

渤海叶绿素分布图（1）

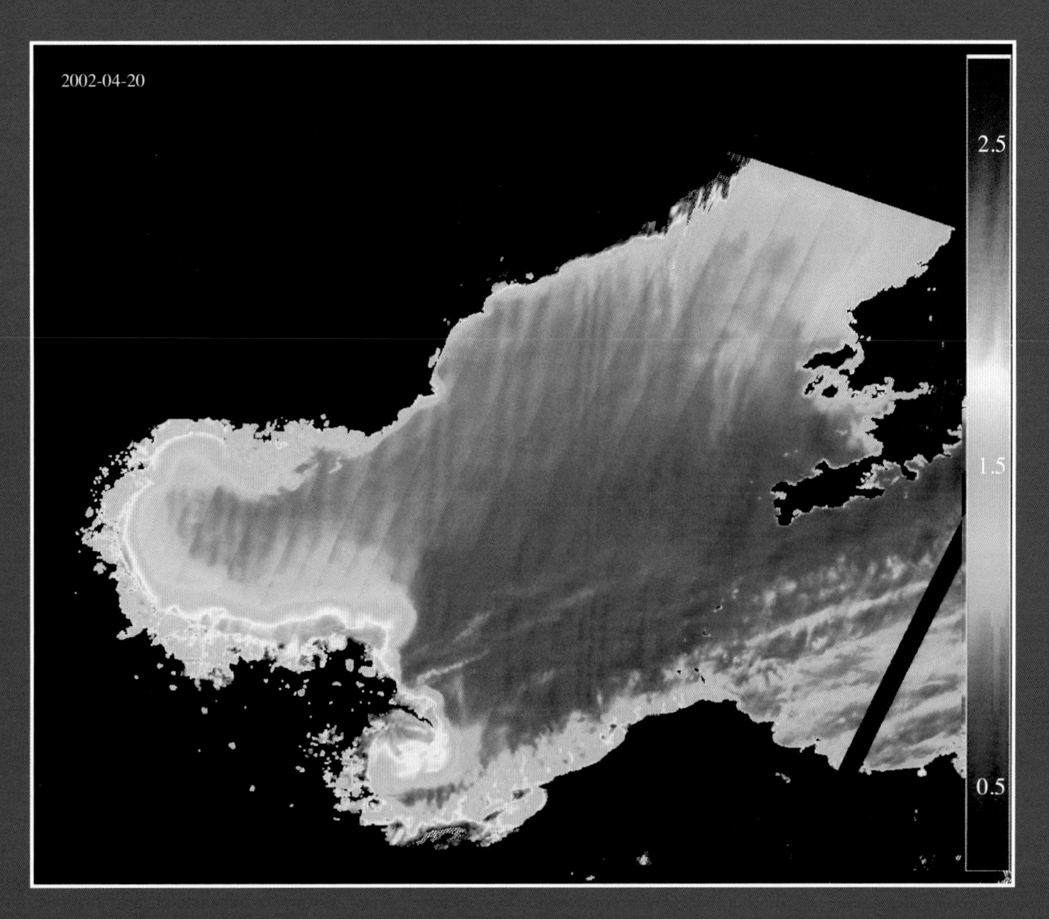

渤海叶绿素分布图（2）

渤海悬浮泥沙分布图（1）

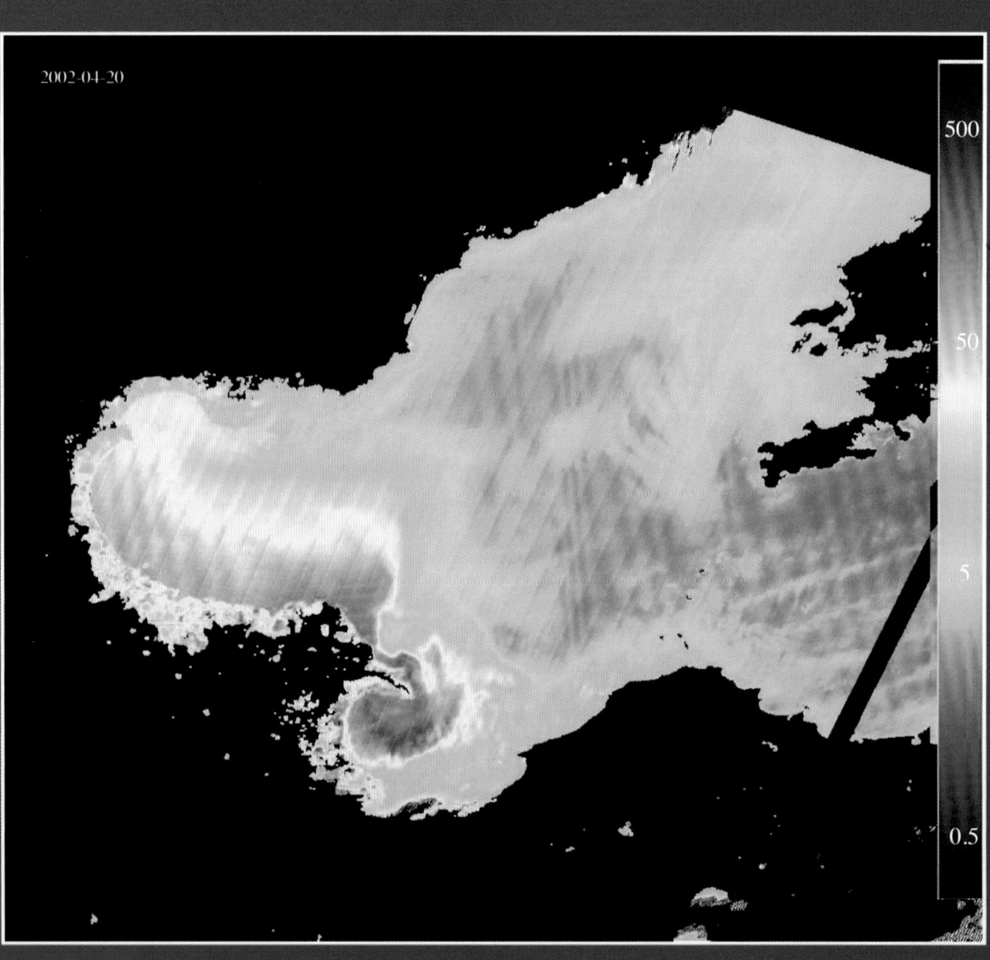

渤海悬浮泥沙分布图（2）

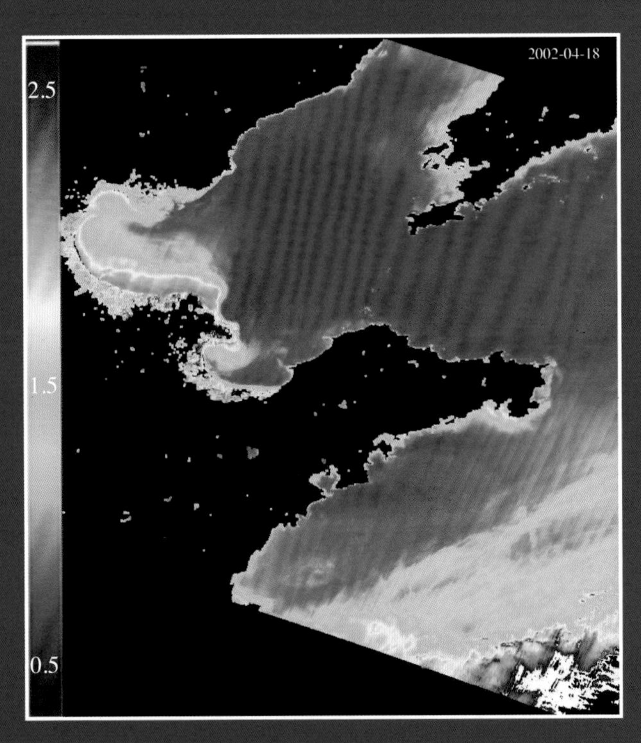

渤黄海叶绿素分布图（1）

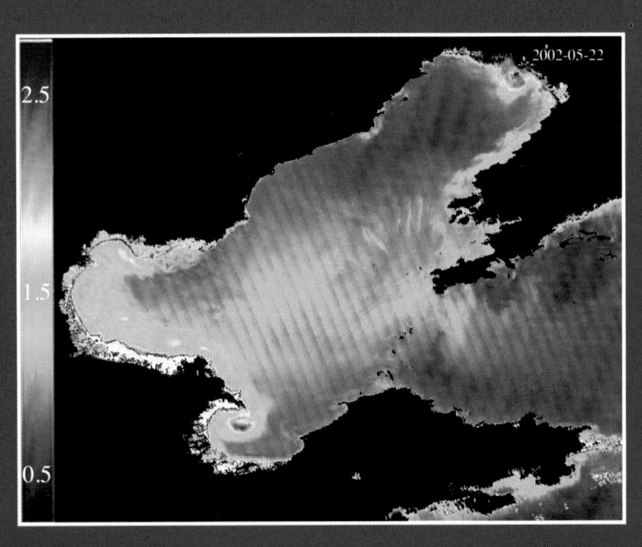

渤黄海叶绿素分布图（2）

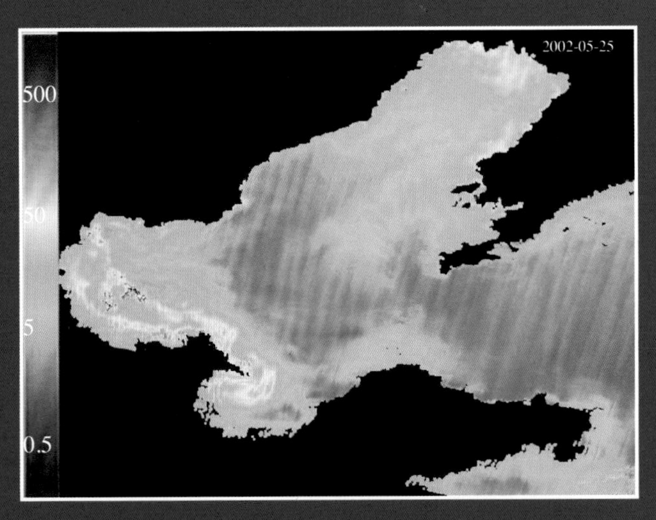

渤黄海叶绿素分布图（3）

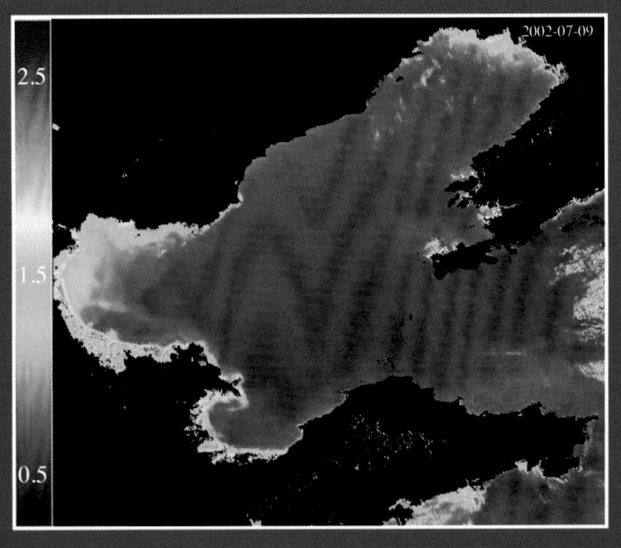

渤黄海叶绿素分布图（4）

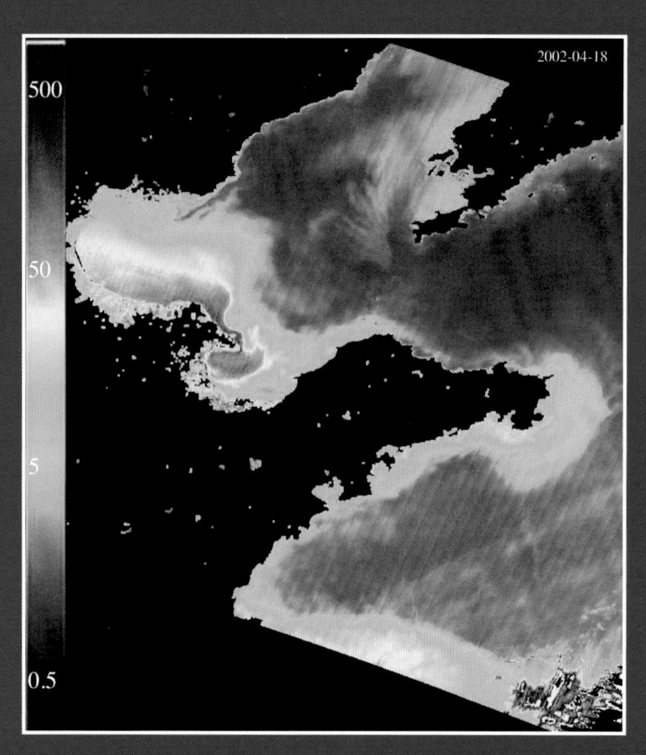

渤黄海悬浮泥沙分布图（1）

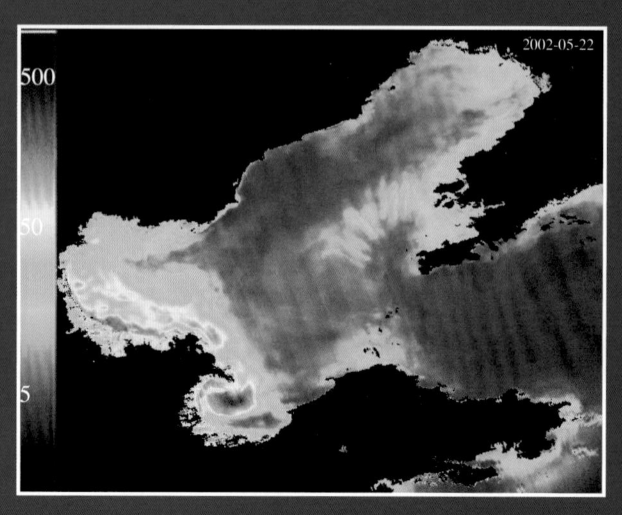

渤黄海悬浮泥沙分布图（2）

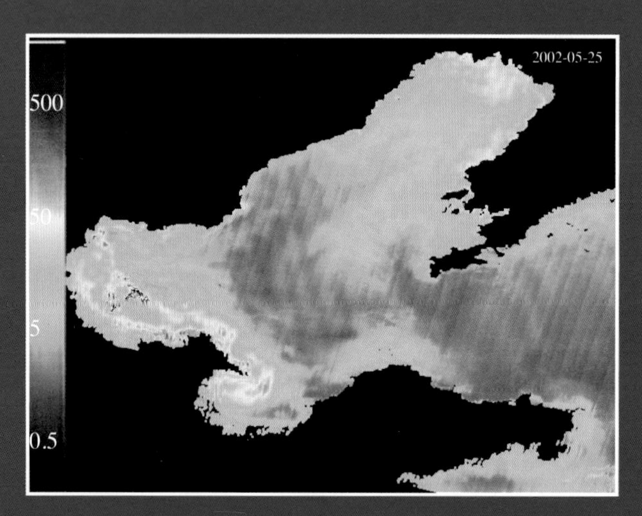

渤黄海悬浮泥沙分布图（3）

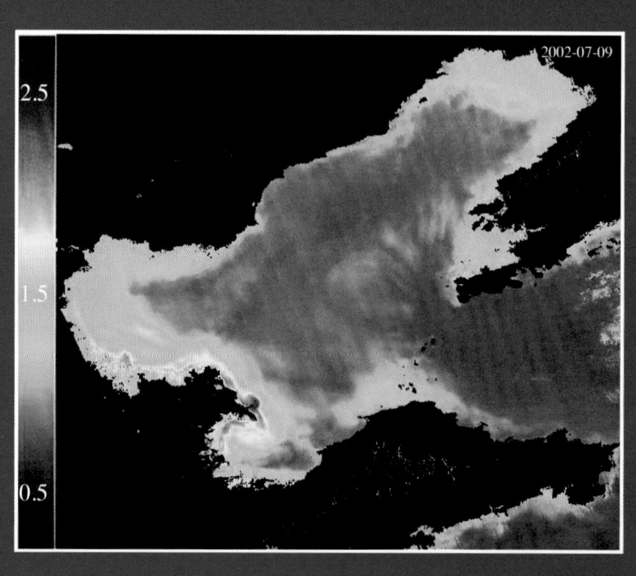

渤黄海悬浮泥沙分布图（4）

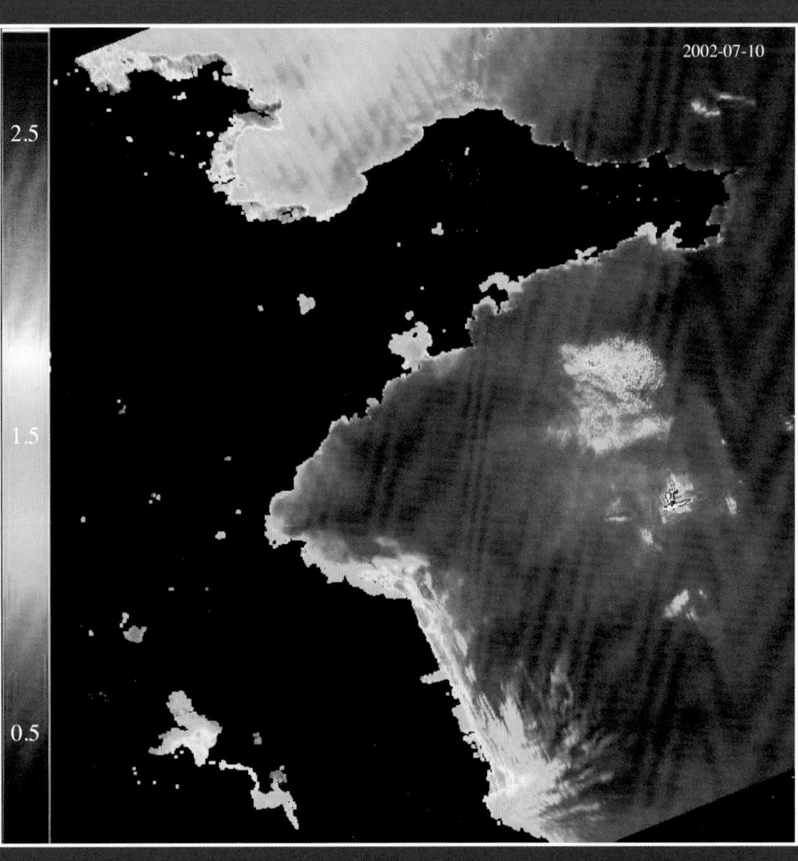

黄海叶绿素分布图

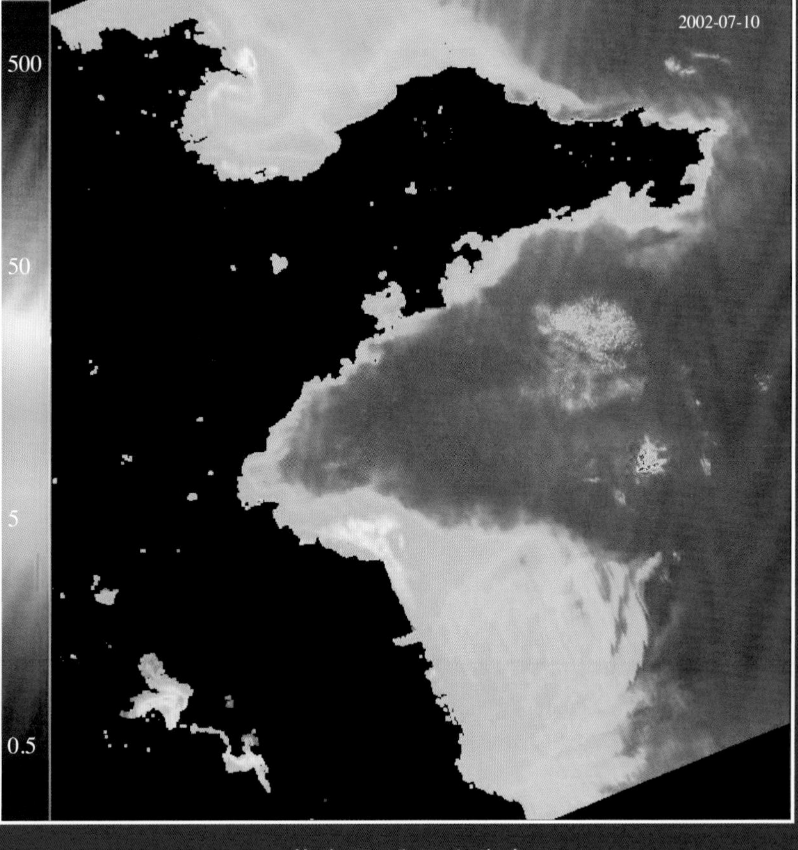

黄海悬浮泥沙分布图

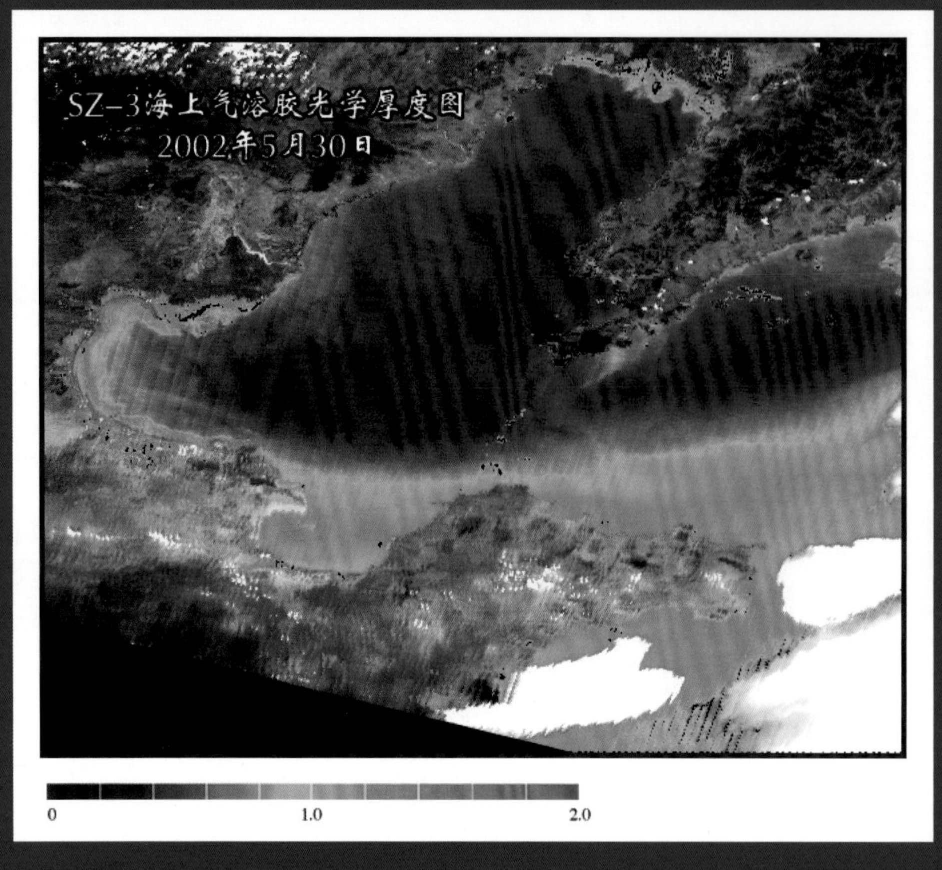

渤海海上气溶胶光学厚度专题图（1）

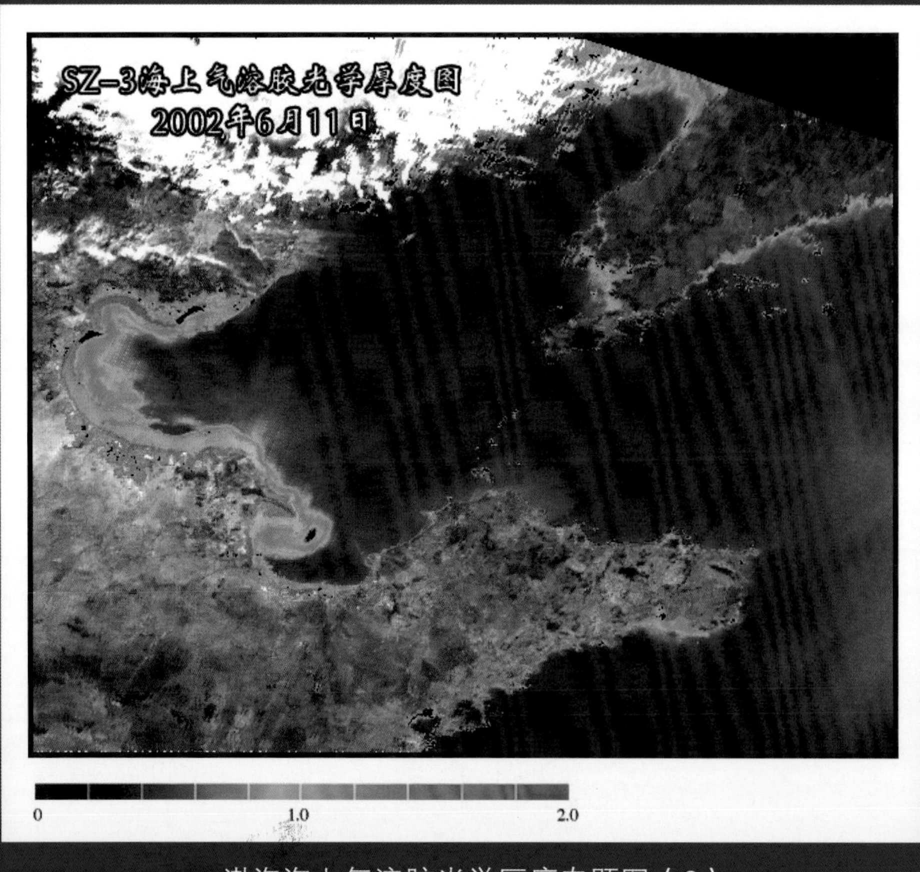

渤海海上气溶胶光学厚度专题图（2）

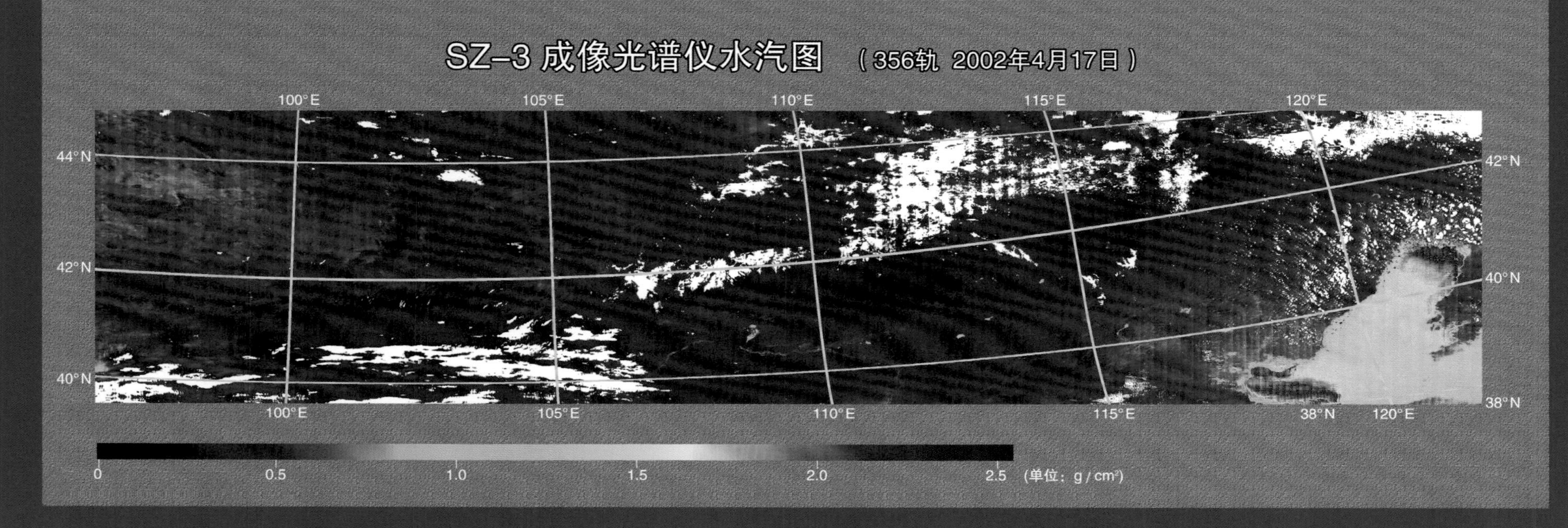

CMODIS水汽专题图（1）

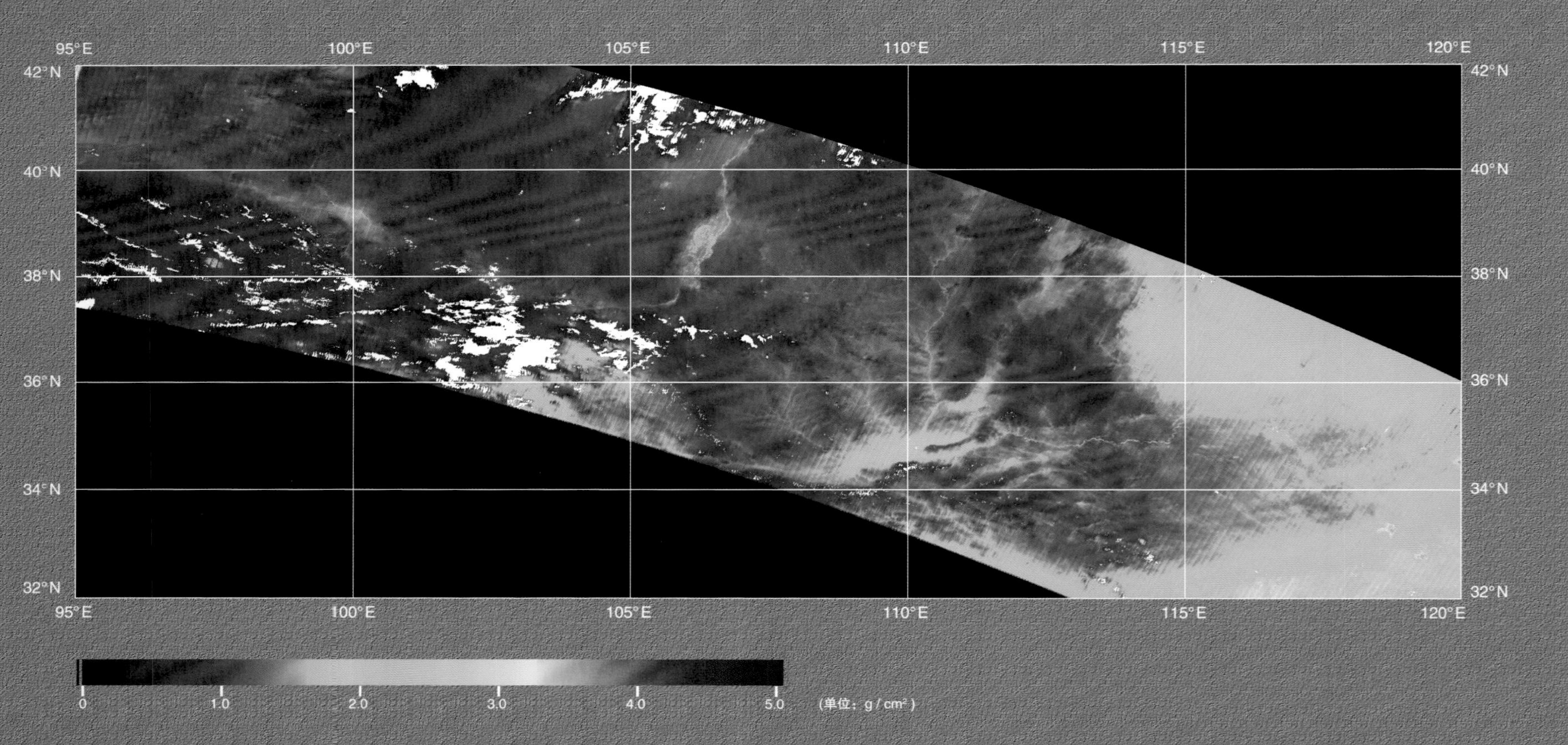

CMODIS水汽专题图（2）

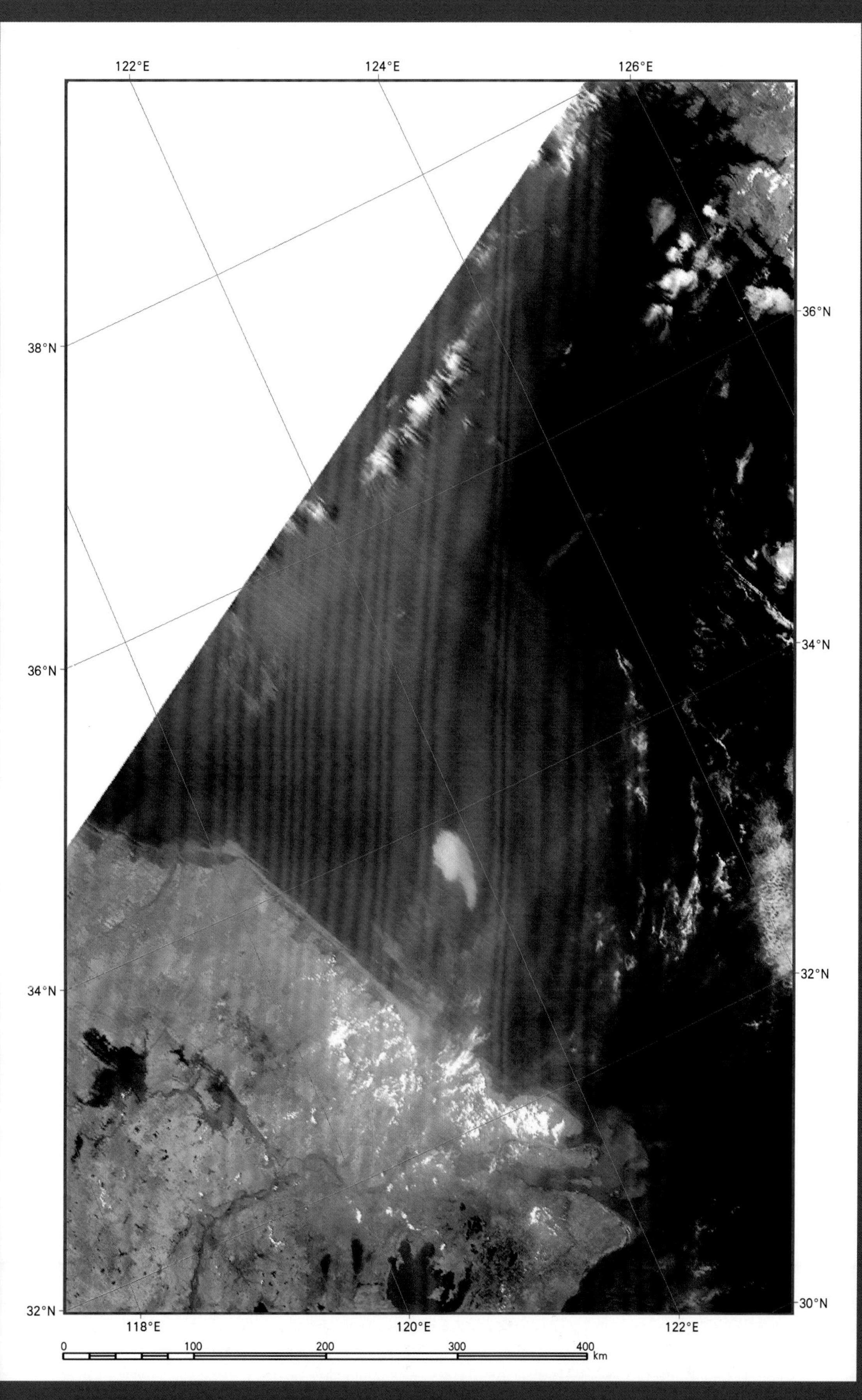
122°E
124°E
126°E
38°N
36°N
34°N
32°N
36°N
34°N
32°N
30°N
118°E
120°E
122°E
0
100
200
300
400
km

黄海薄云影像图

神舟四号飞船遥感应用

Shenzhou Si hao Feichuan Yaogan Yingyong

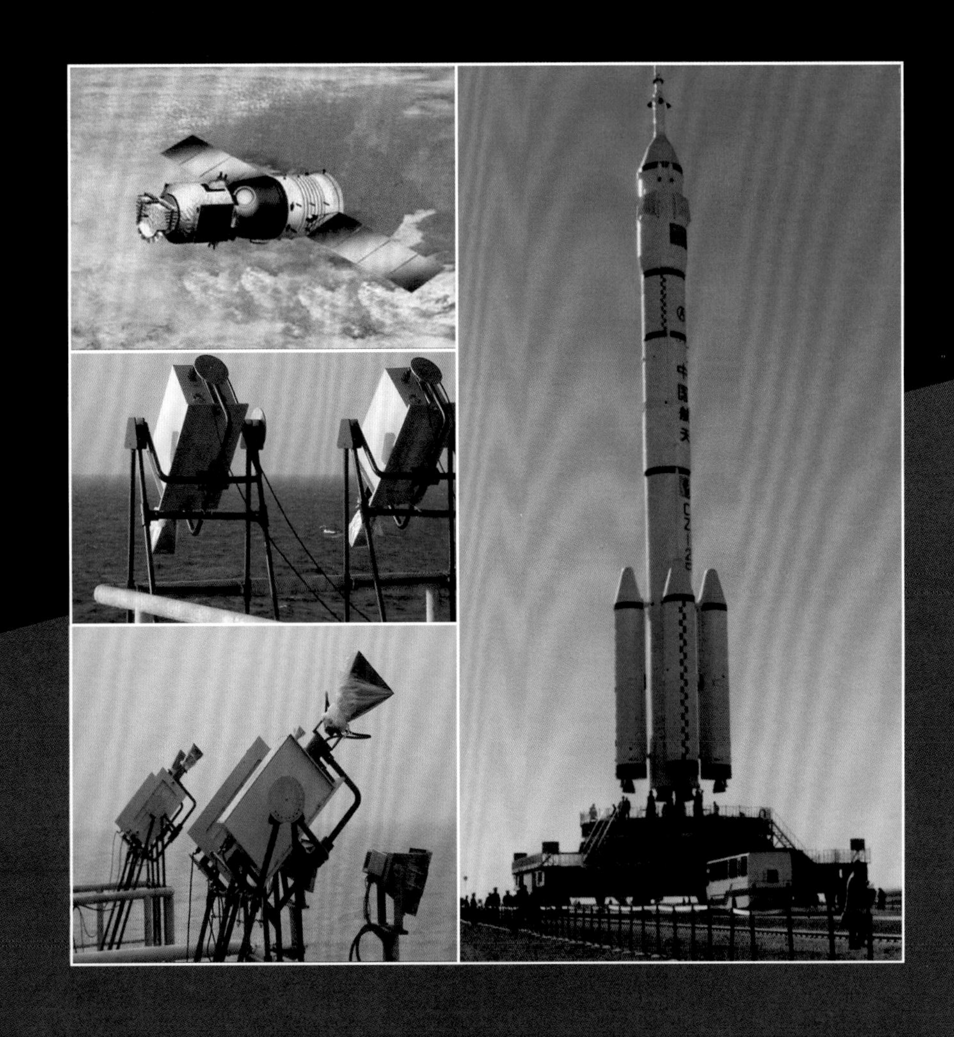

多模态微波遥感器航空校飞

空中作业平台“超黄蜂”直升机

机载微波多模态现场测量试验

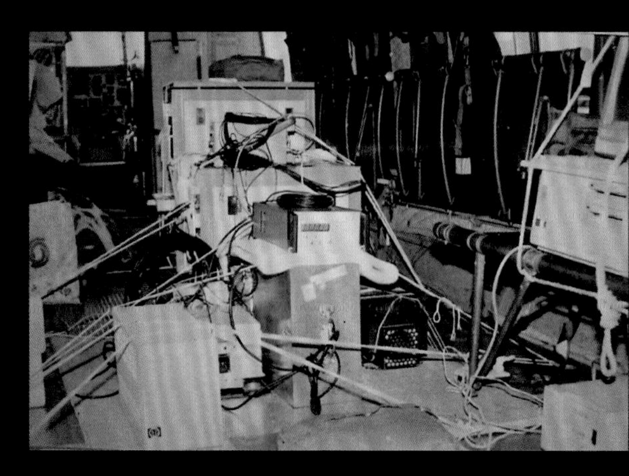

用于 921-2 微波多模态初样海上试飞试验的

散射计航空校飞原始数据和滤波

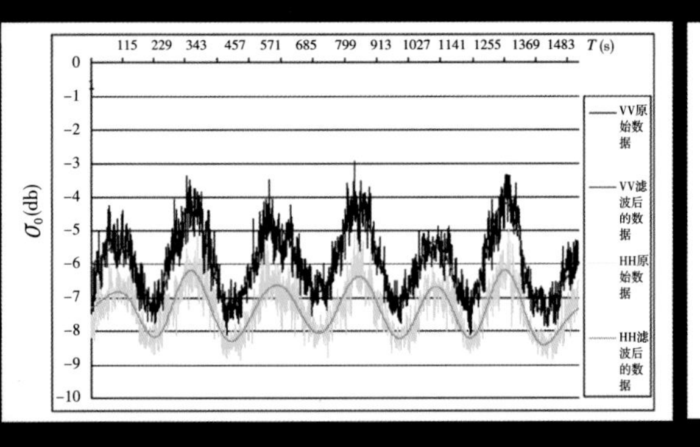

1999 年 11 月 17 日

飞行数据滤波前后的对比

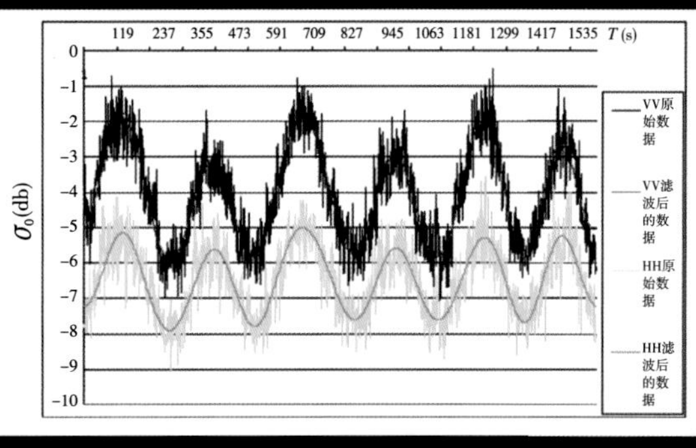

1999 年 11 月 18 日

圆形飞行数据滤波前后的对比

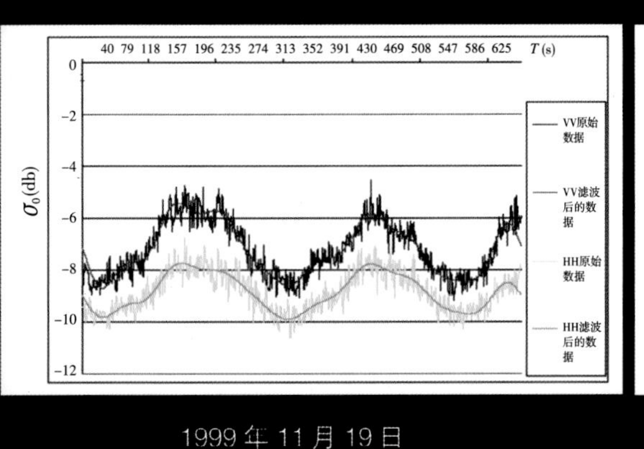

1999 年 11 月 19 日

上午飞行数据滤波前后的对比

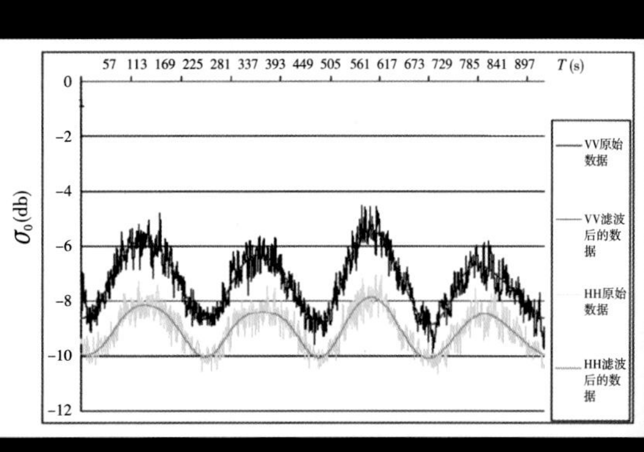

1999 年 11 月 19 日

下午飞行数据滤波前后的对比

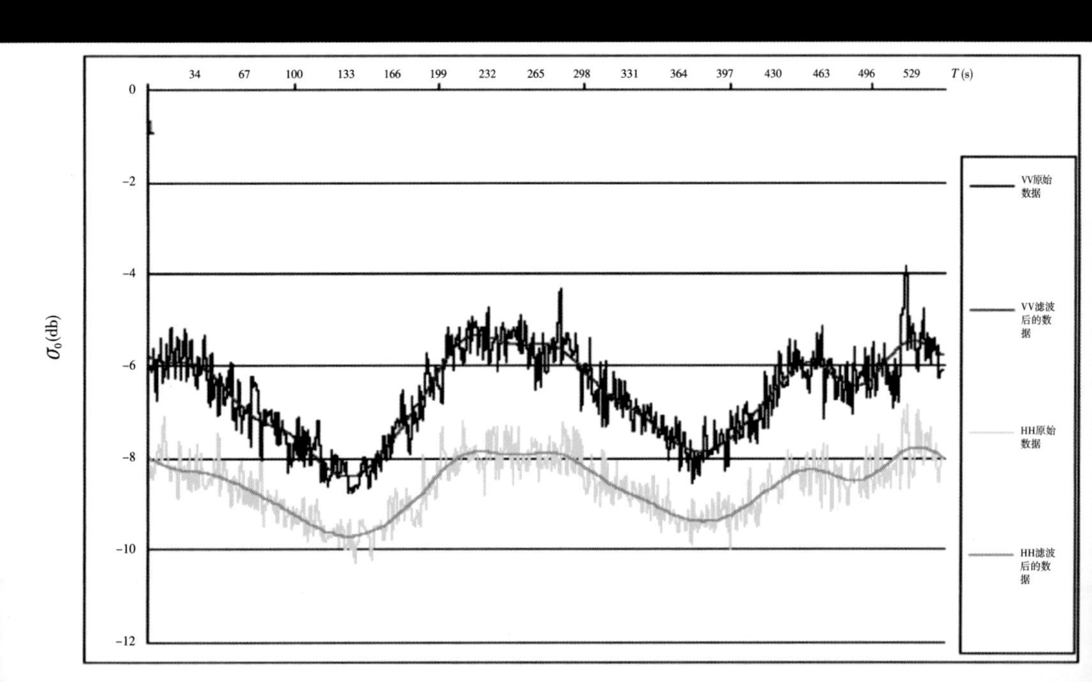

1999 年 11 月 23 日飞行数据滤波前后的对比

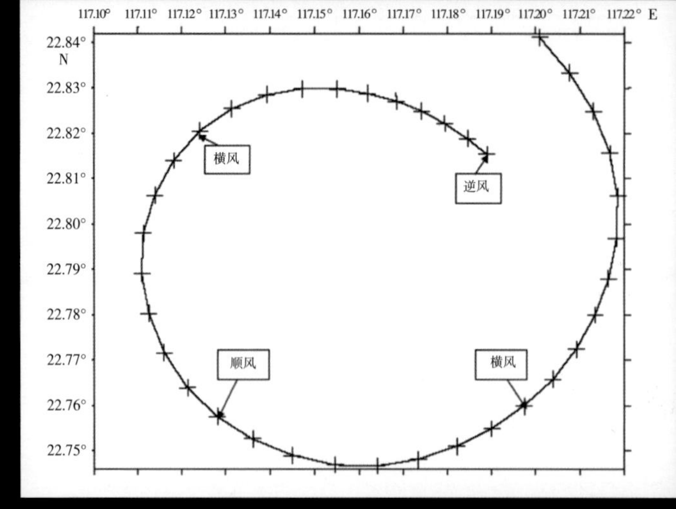

1999 年 11 月 18 日圆形飞行第 1 圈航线图

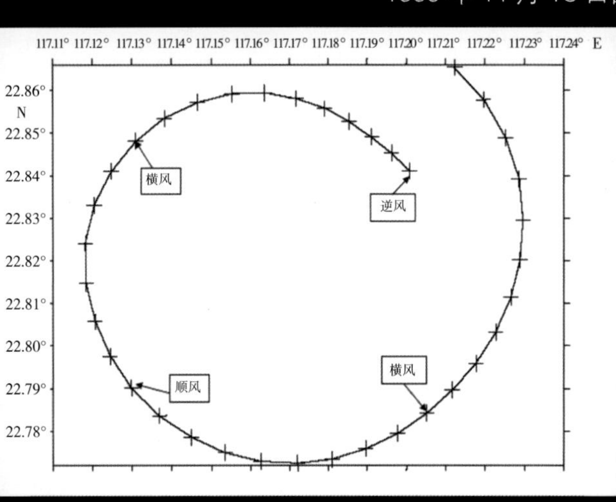

1999 年 11 月 18 日圆形飞行第 2 圈航线图

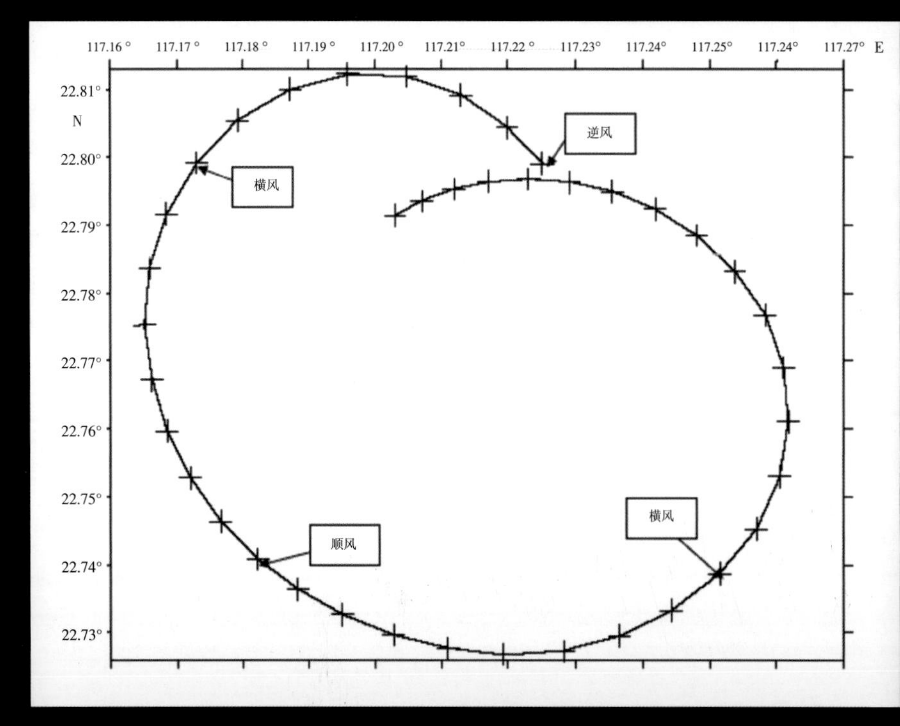

1999 年 11 月 19 日下午飞行第 1 圈航线图

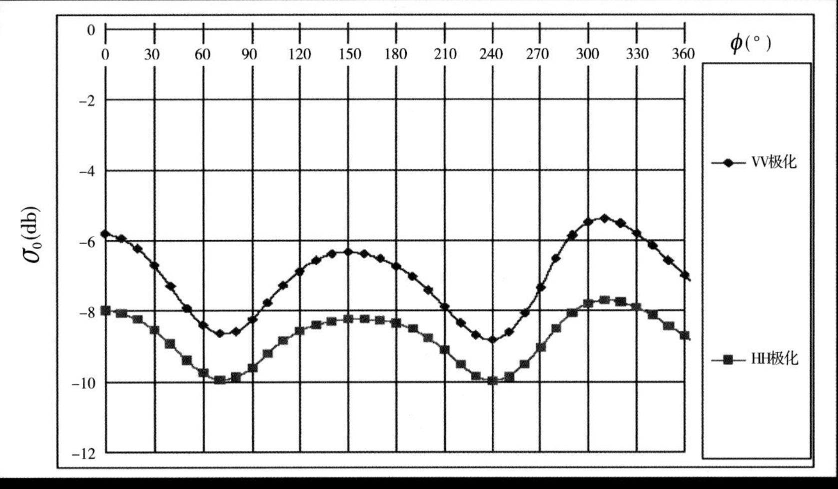

散射计σ_0 随风向变化图

1999 年 11 月 19 日下午飞行第 1 圈

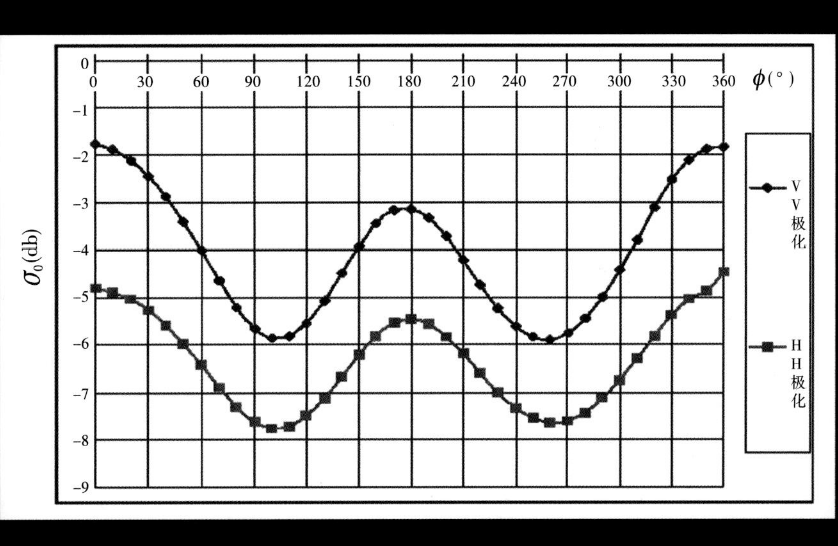

散射计σ_0 随风向变化图

1999 年 11 月 18 日圆形飞行第 1 圈σ_0~φ关系曲线

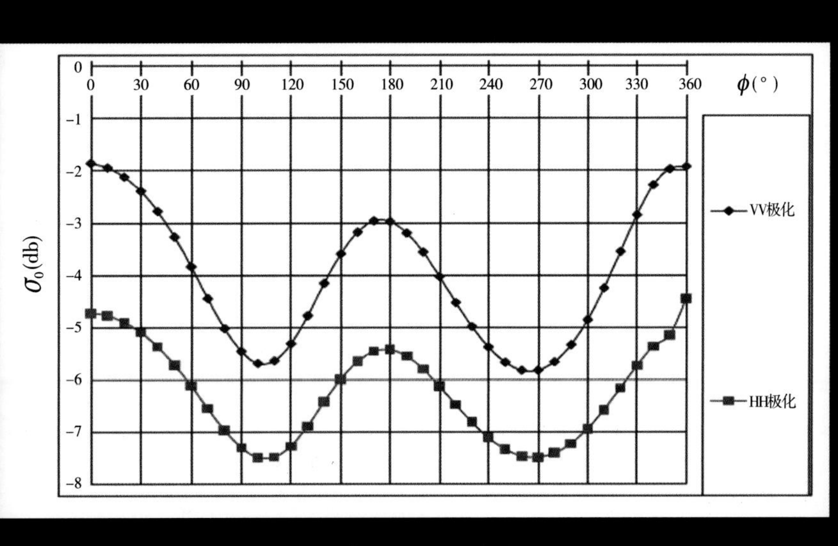

散射计σ_0 随风向变化图

1999 年 11 月 8 日圆形飞行第 2 圈

石油平台微波辐射计测量

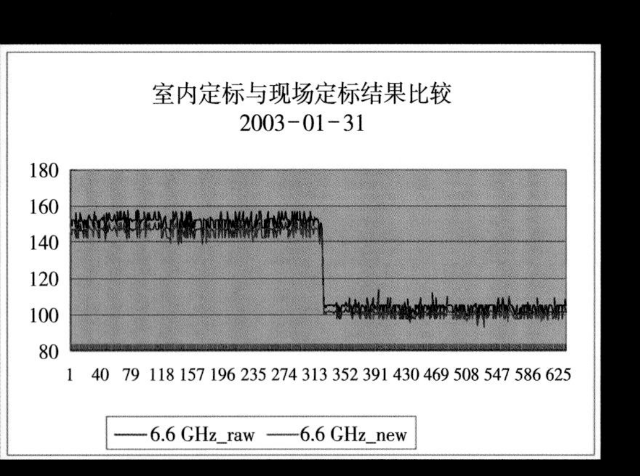

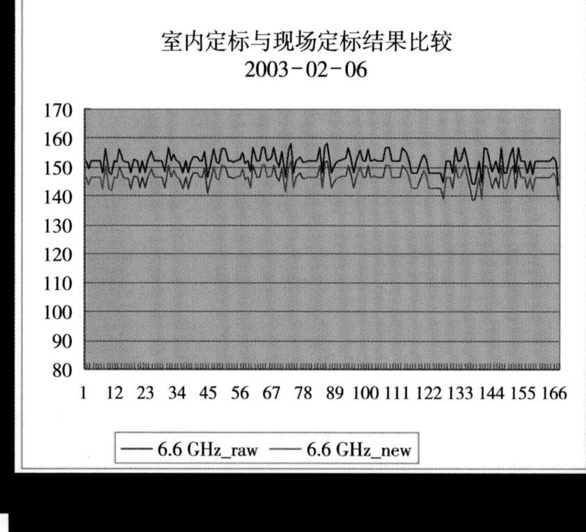

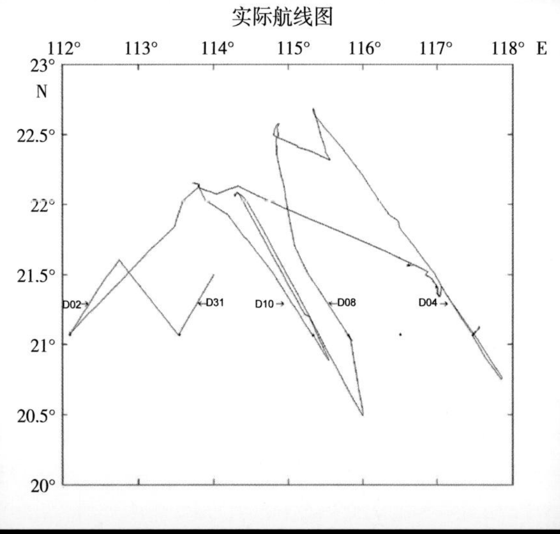

调查船航线

飞机经过海陆交界处亮温有明显变化，辐射模态能够分清海陆交界。

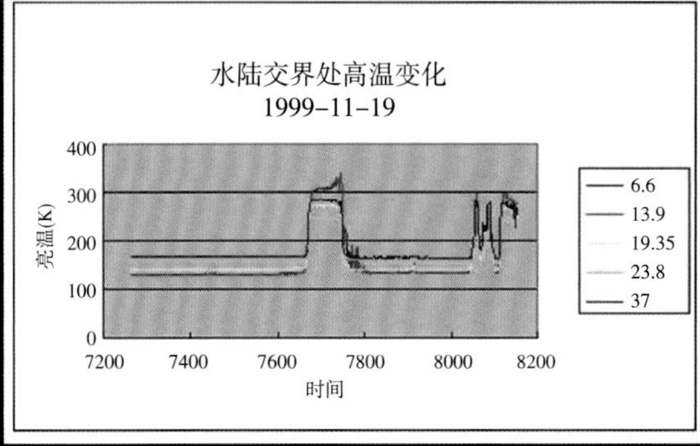

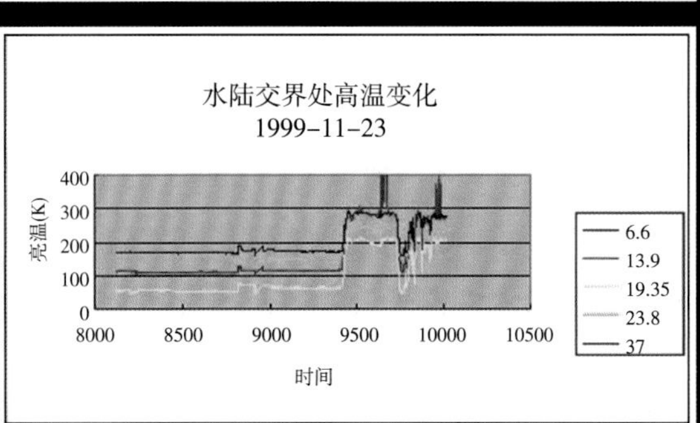

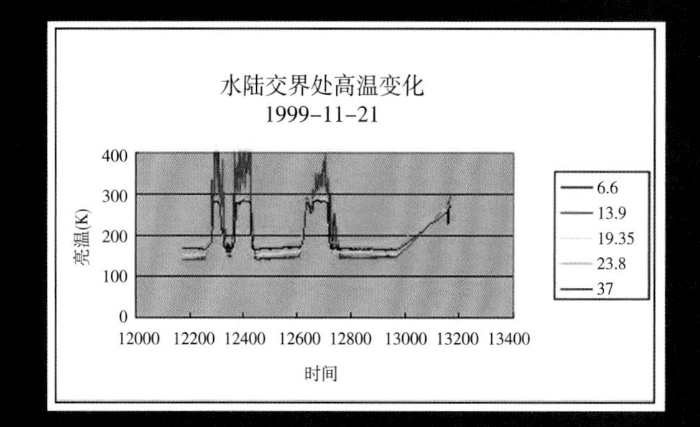

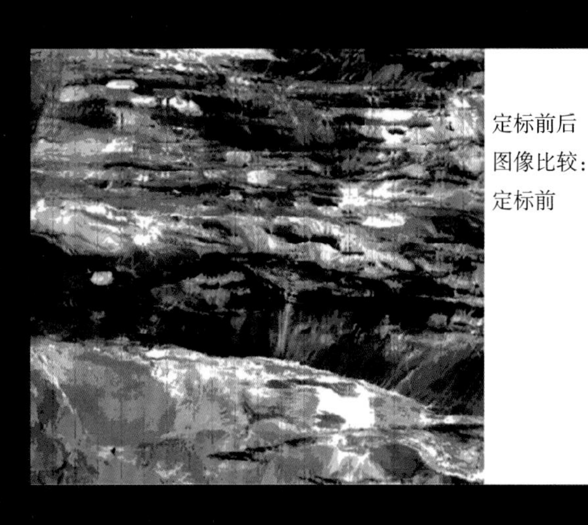

定标前后图像比较：定标前

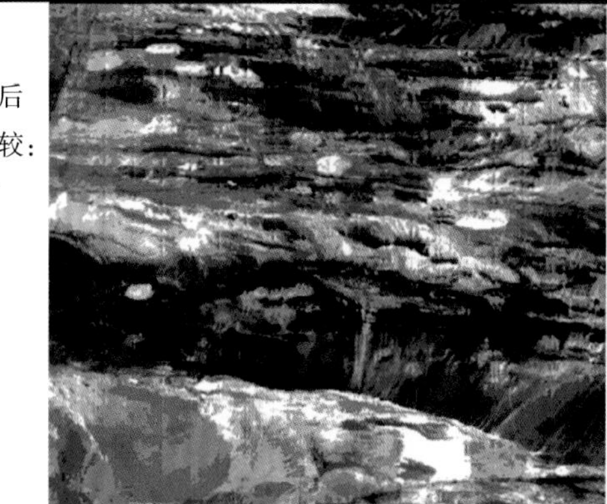

定标前后图像比较：定标后

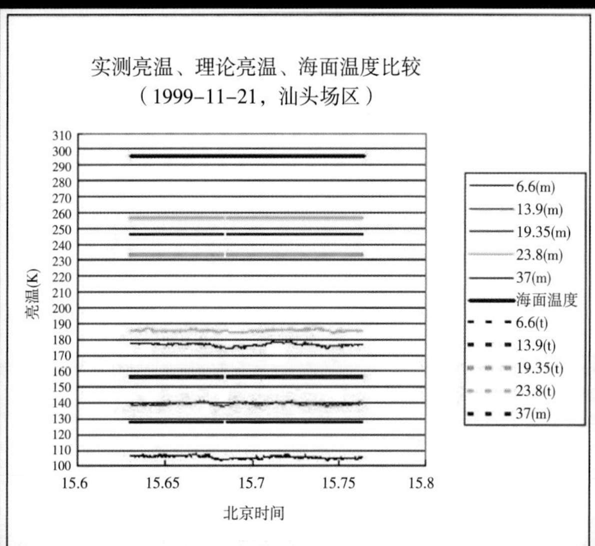

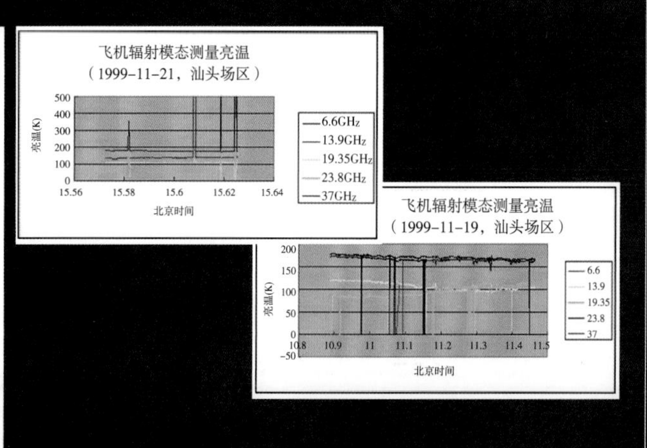

亮温测量值、理论值和海面温度现场测量值的变化趋势吻合的很好。

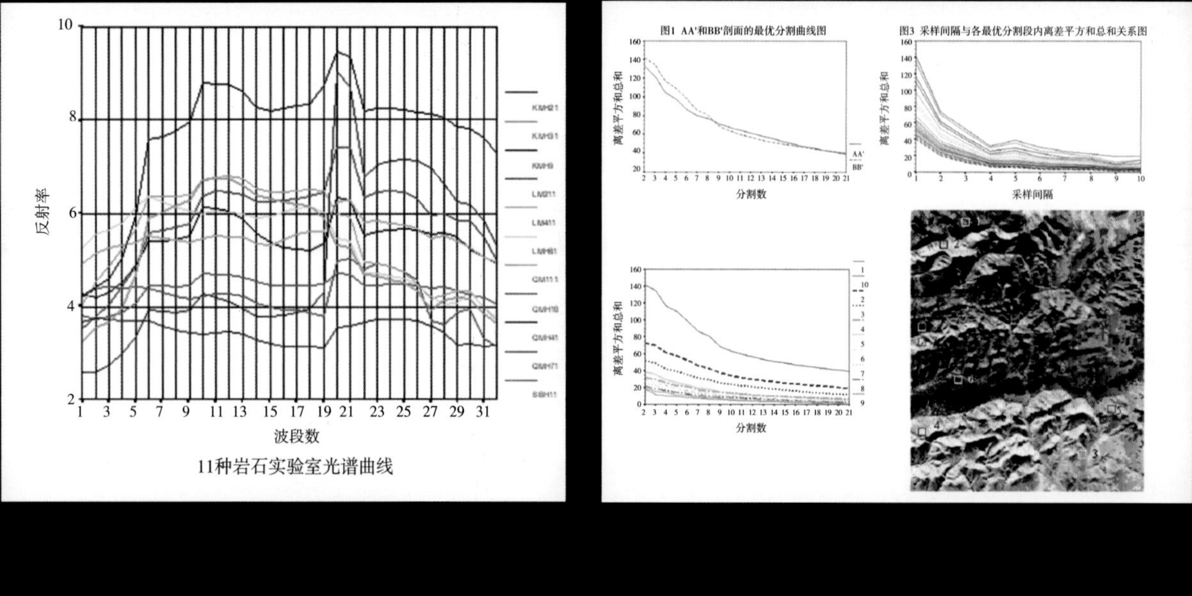

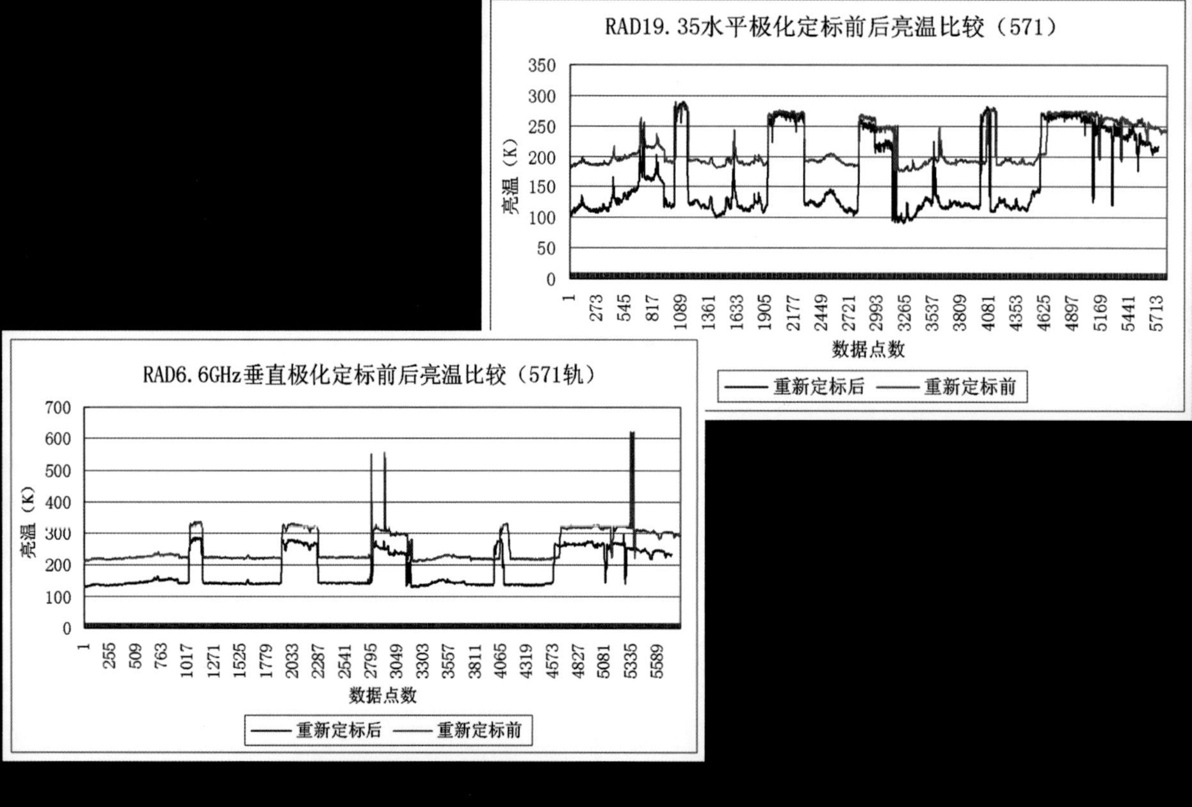

微波辐射计外定标

第571轨RAD定标前后数据的比较

利用 Liebe 的 MPM′ 93 和 3 条大气廓线（水汽含量分别为 1.1 mm、3.7 mm 和 5.4 mm）计算的、RAD 观测无风海面（海水盐度为 35）的理论亮温值

RAD 6.6GHz垂直极化通道
观测不同水汽情况下无风海面的亮温
亮温（K）
海水温度（℃）
◆ v=1.1 ■ v=3.7 ▲ v=5.4

RAD 6.6GHz水平极化通道
观测不同水汽情况下无风海面的亮温
亮温（K）
海水温度（℃）
◆ v=1.1 ■ v=3.7 ▲ v=5.4

RAD 13.9GHz垂直极化通道 观测不同水汽情况下无风海面的亮温
亮温（K）
海水温度（℃）
◆ v=1.1 ■ v=3.7 ▲ v=5.4

RAD 13.9GHz水平极化通道
观测不同水汽情况下无风海面的亮温
亮温（K）
海水温度（℃）
◆ v=1.1 ■ v=3.7 ▲ v=5.4

RAD 19.35GHz垂直极化通道
观测不同水汽情况下无风海面的亮温
亮温（K）
海水温度（℃）
◆ v=1.1 ■ v=3.7 ▲ v=5.4

RAD 19.35GHz水平极化通道
观测不同水汽情况下无风海面的亮温
亮温（K）
海水温度（℃）
◆ v=1.1 ■ v=3.7 ▲ v=5.4

RAD 23.8GHz垂直极化通道
观测不同水汽情况下无风海面的亮温
亮温（K）
海水温度（℃）
◆ v=1.1 ■ v=3.7 ▲ v=5.4

RAD 23.8GHz水平极化通道
观测不同水汽情况下无风海面的亮温
亮温（K）
海水温度（℃）
◆ v=1.1 ■ v=3.7 ▲ v=5.4

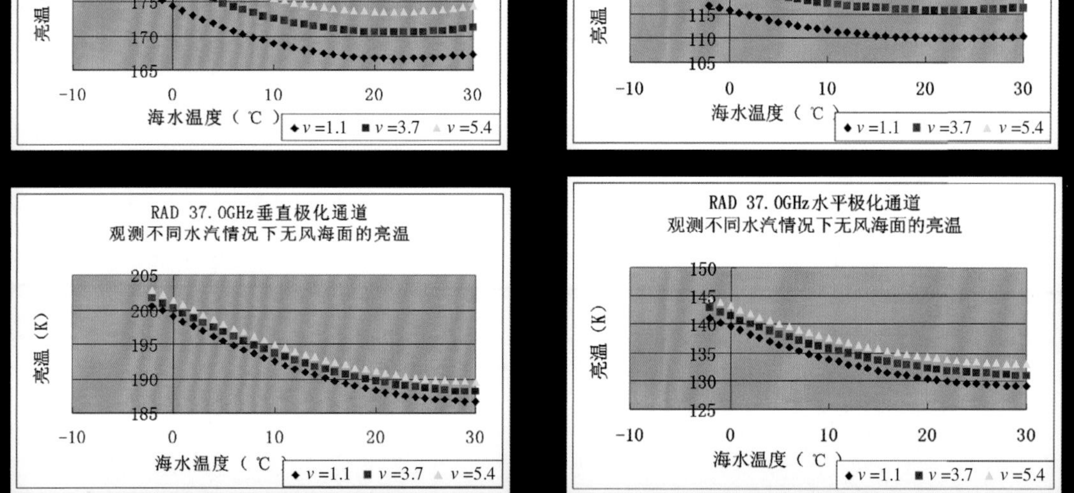

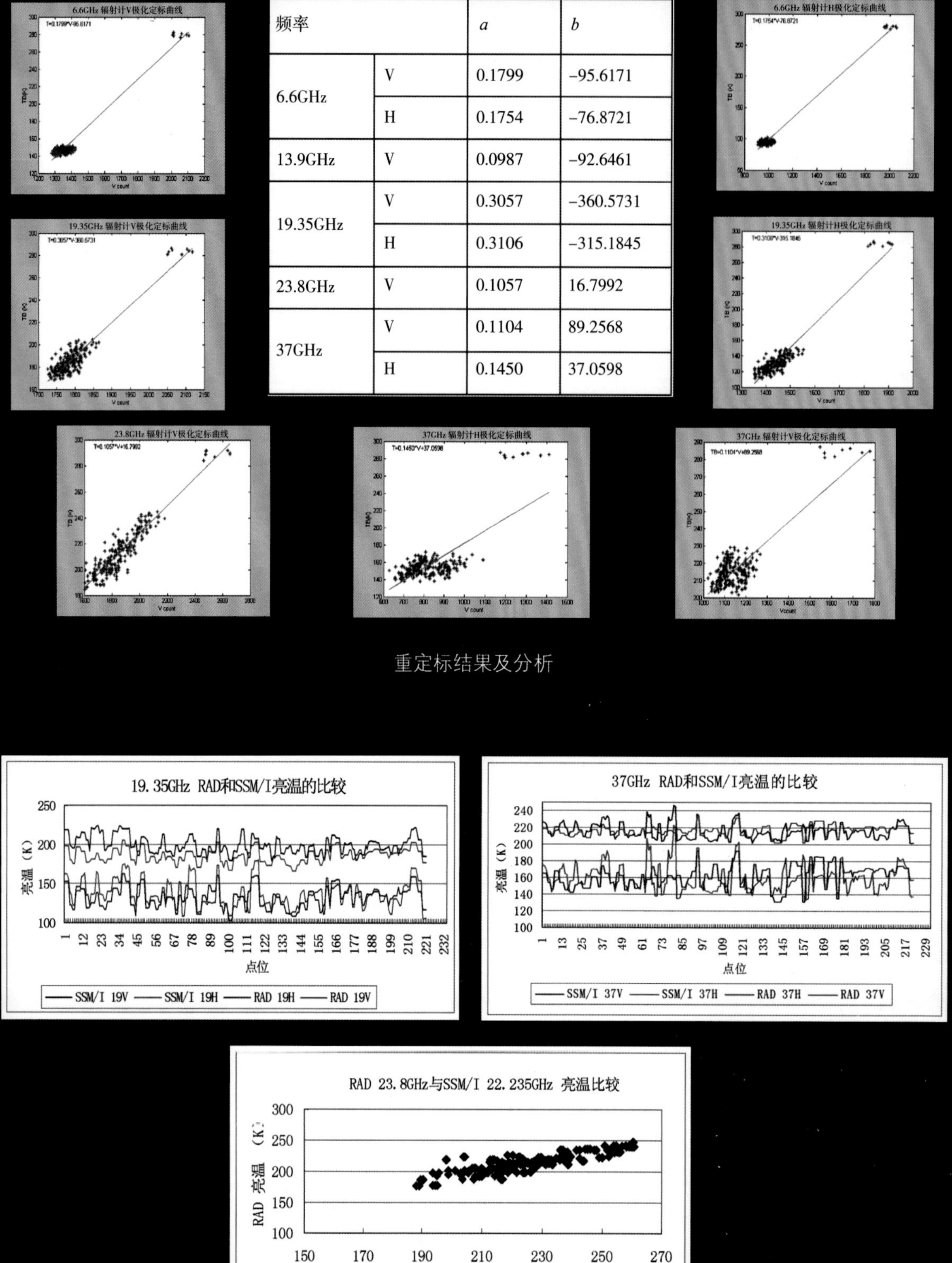

频率		*a*	*b*
6.6GHz	V	0.1799	−95.6171
	H	0.1754	−76.8721
13.9GHz	V	0.0987	−92.6461
19.35GHz	V	0.3057	−360.5731
	H	0.3106	−315.1845
23.8GHz	V	0.1057	16.7992
37GHz	V	0.1104	89.2568
	H	0.1450	37.0598

重定标结果及分析

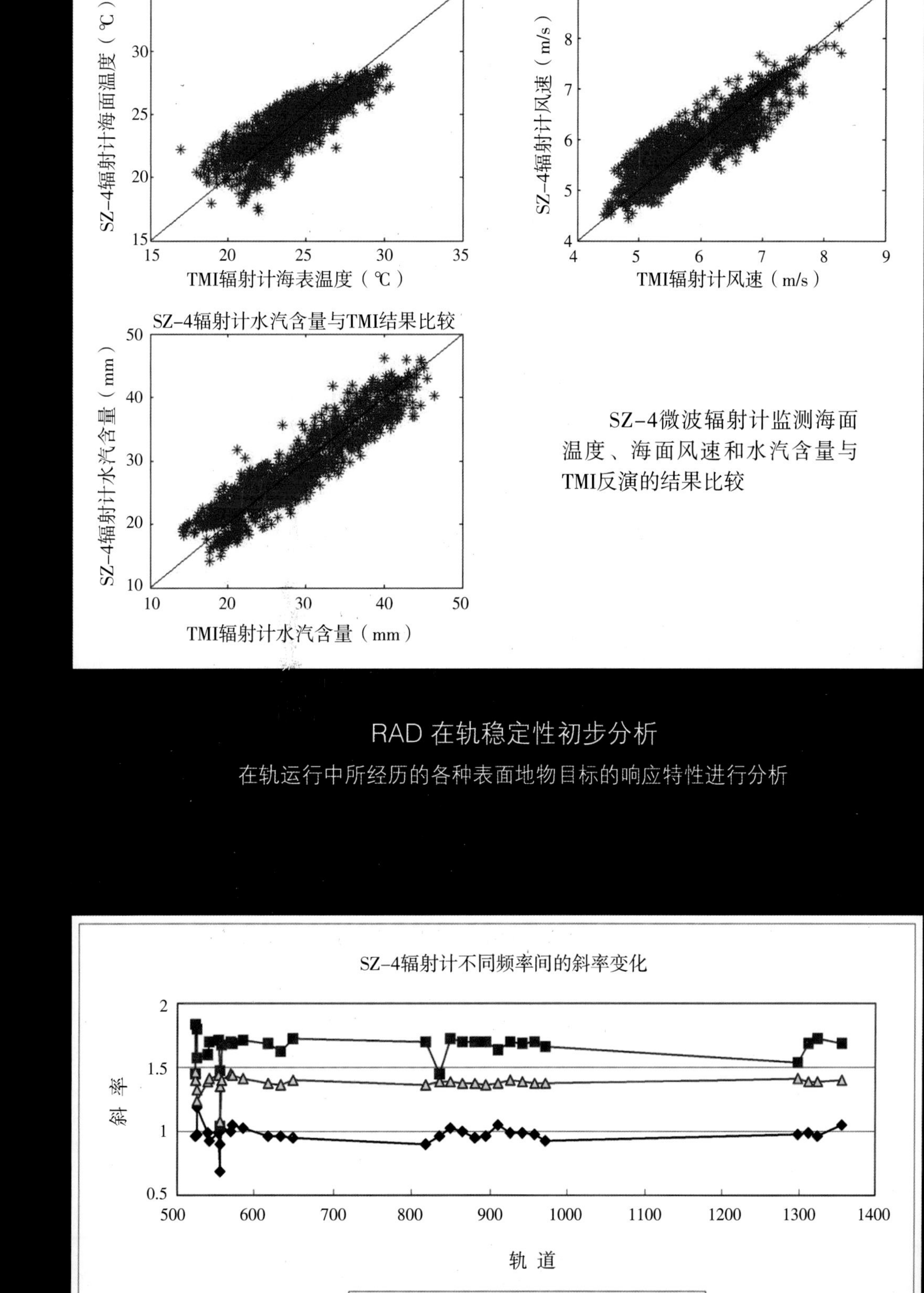

SZ-4微波辐射计监测海面温度、海面风速和水汽含量与TMI反演的结果比较

RAD 在轨稳定性初步分析

在轨运行中所经历的各种表面地物目标的响应特性进行分析

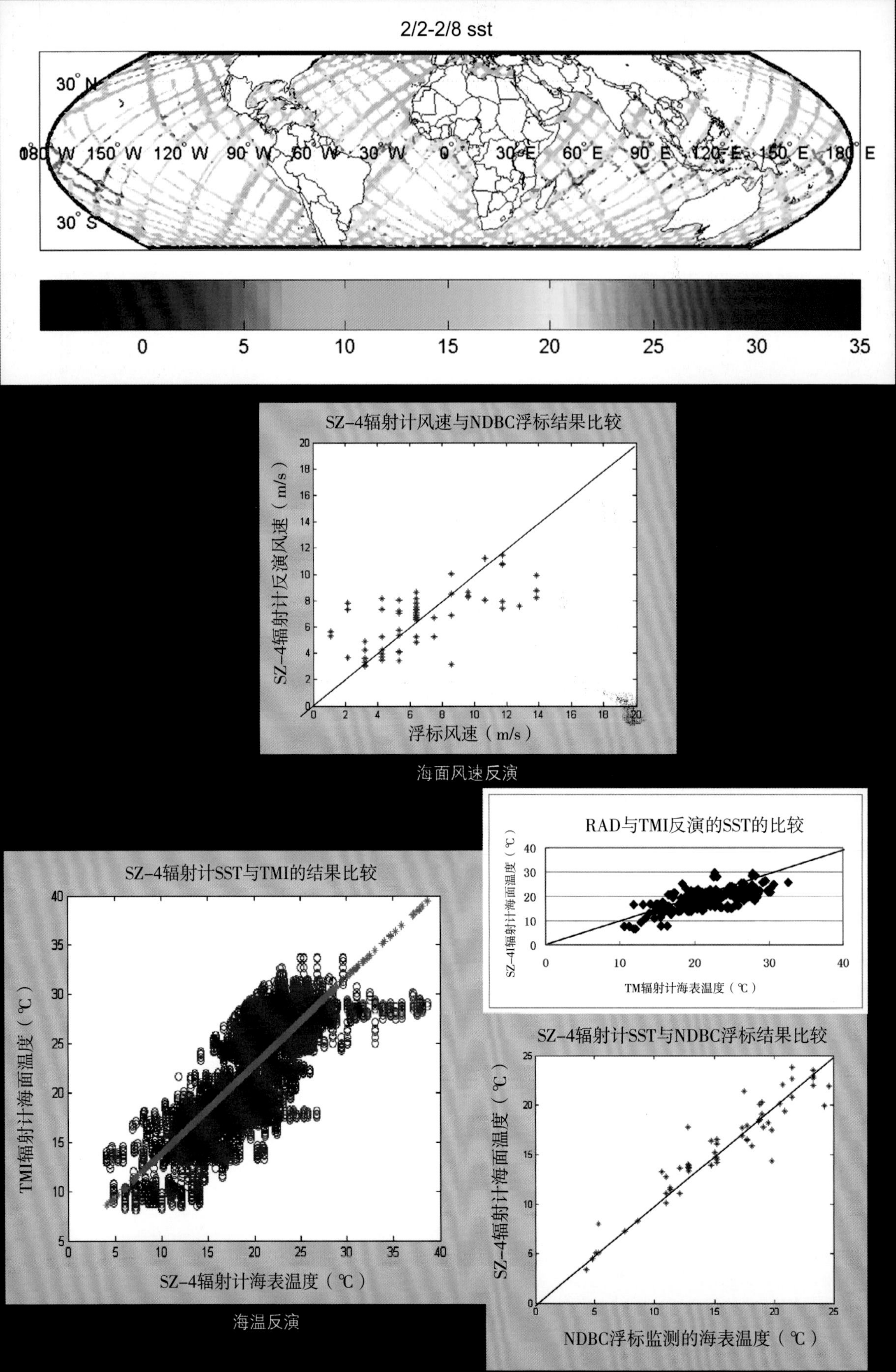
2/2-2/8 sst
30° N
30° S
180° W 150° W 120° W 90° W 60° W 30° W 0 30° E 60° E 90° E 120° E 150° E 180° E
0 5 10 15 20 25 30 35
SZ-4辐射计风速与NDBC浮标结果比较
SZ-4辐射计反演风速（m/s）
浮标风速（m/s）
海面风速反演
RAD与TMI反演的SST的比较
SZ-4辐射计海面温度
TM辐射计海表温度（℃）
SZ-4辐射计SST与TMI的结果比较
TMI辐射计海面温度（℃）
SZ-4辐射计海表温度（℃）
海温反演
SZ-4辐射计SST与NDBC浮标结果比较
SZ-4辐射计海面温度（℃）
NDBC浮标监测的海表温度（℃）

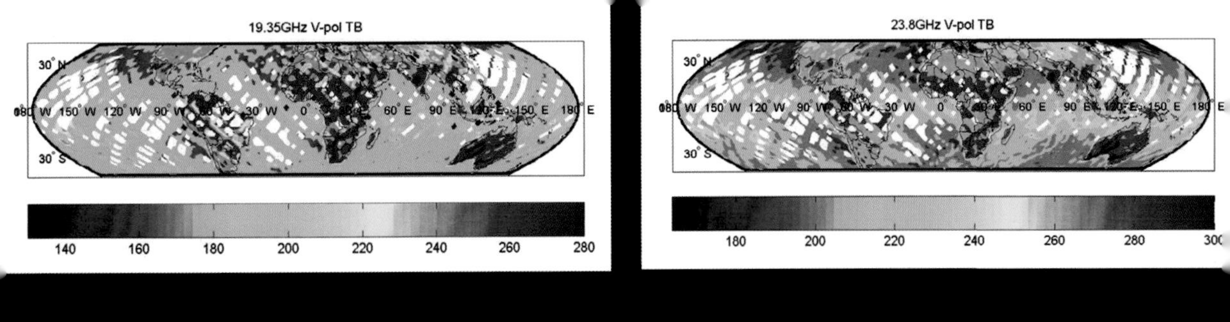

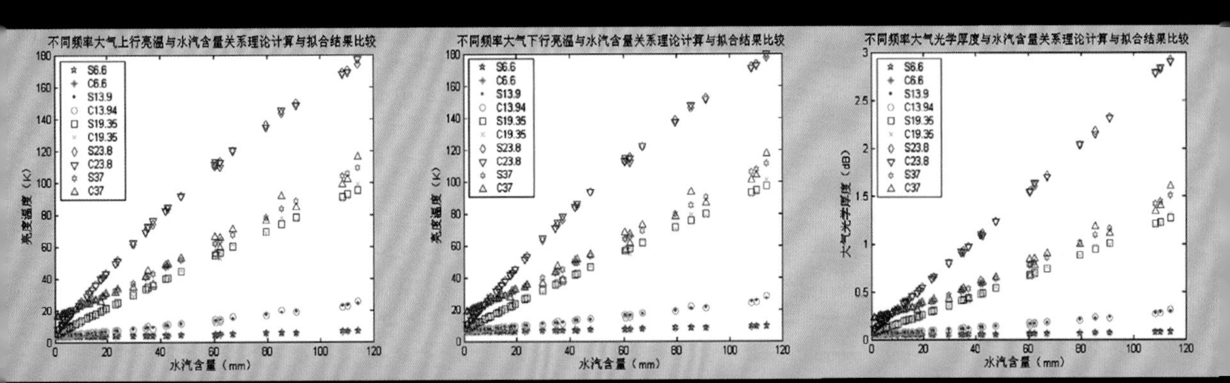

大气算法模式 ——理论算法模拟结果

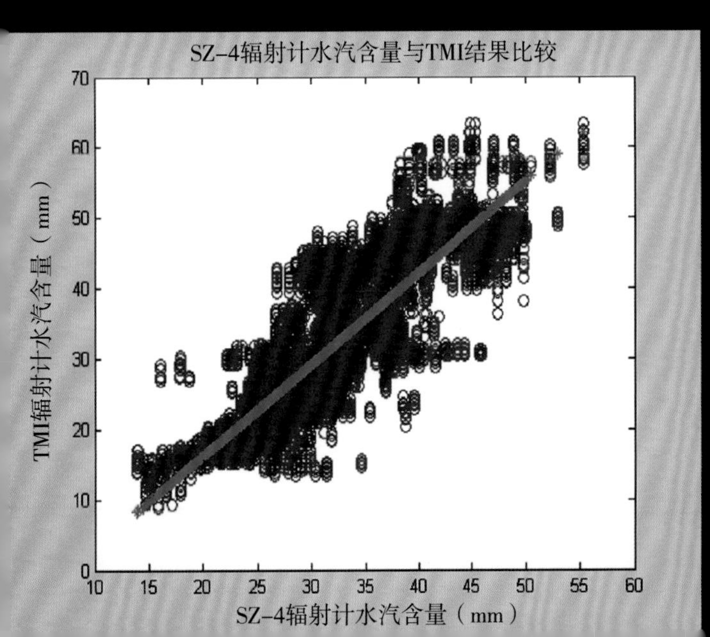

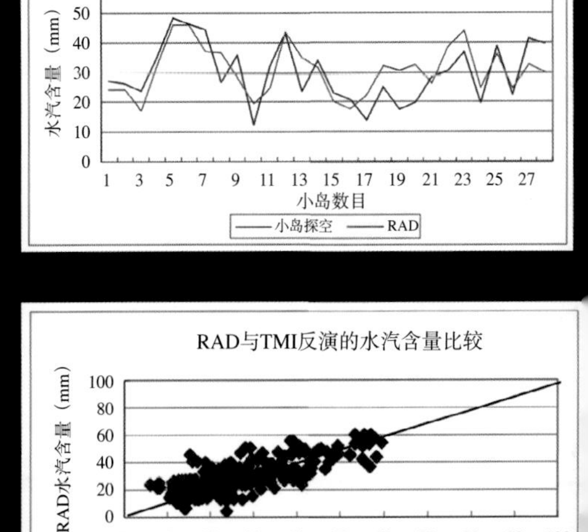

模拟结果图　2月20日亮温随频率变化模拟

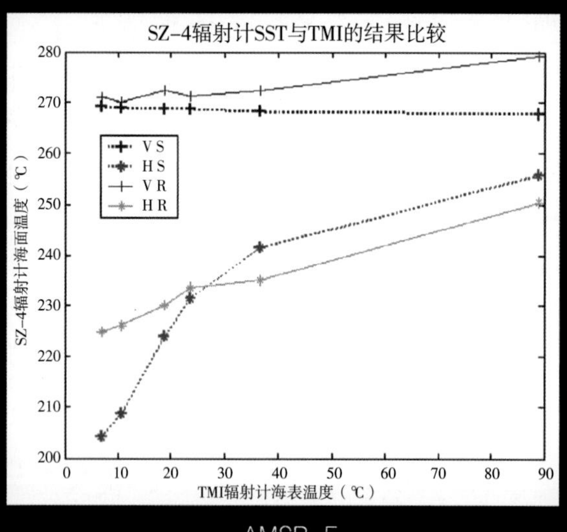

AMSR-E　　SZ-4

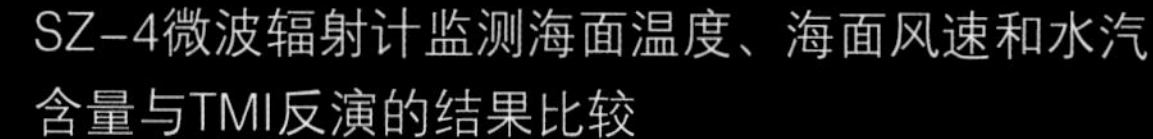

SZ-4微波辐射计监测海面温度、海面风速和水汽含量与TMI反演的结果比较

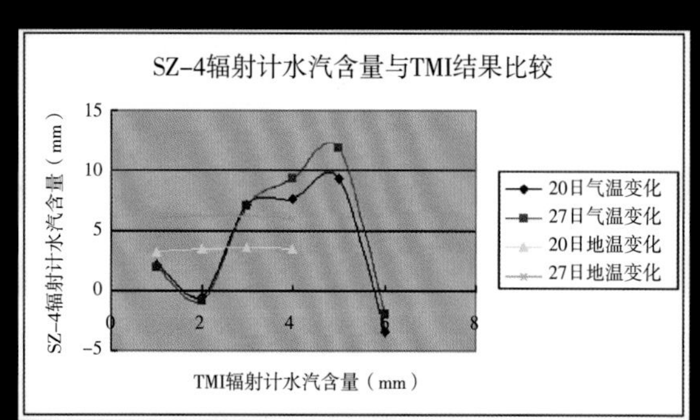

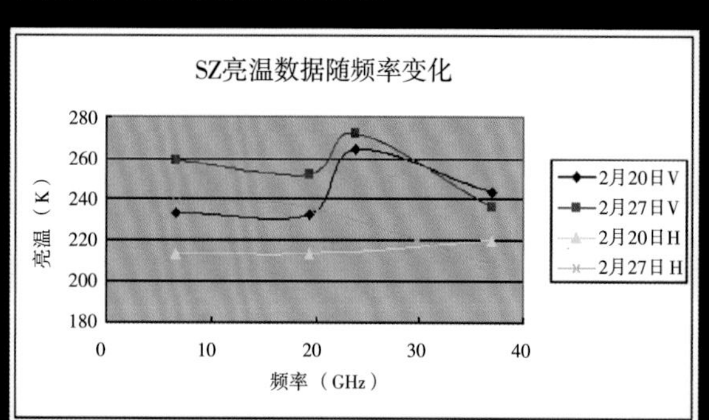

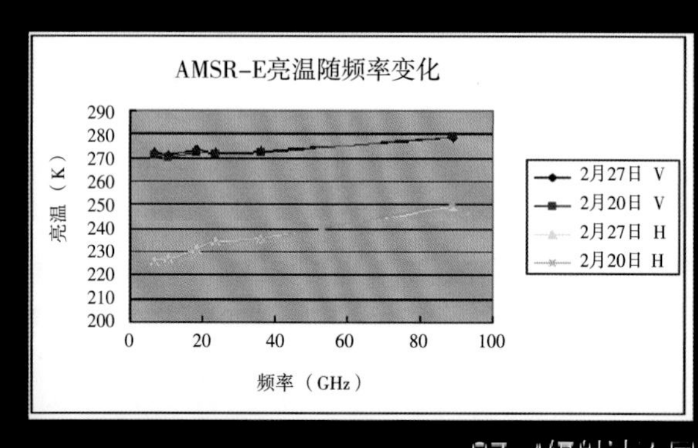

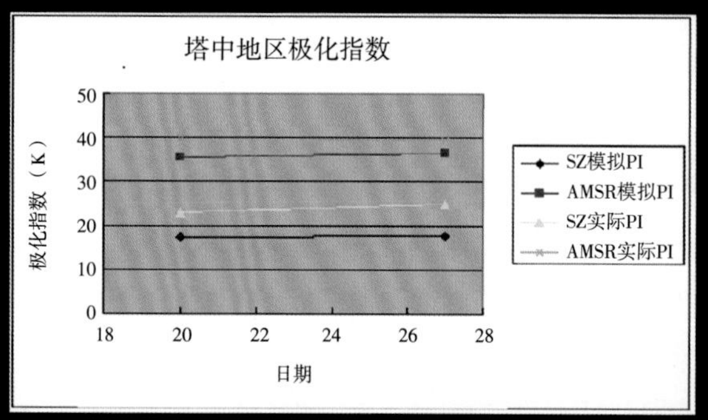

SZ-4辐射计不同频率间的斜率变化

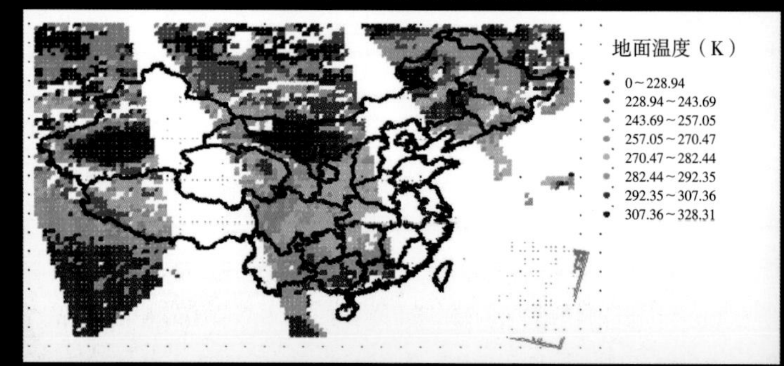

SZ-4 辐射模态数据的处理流程

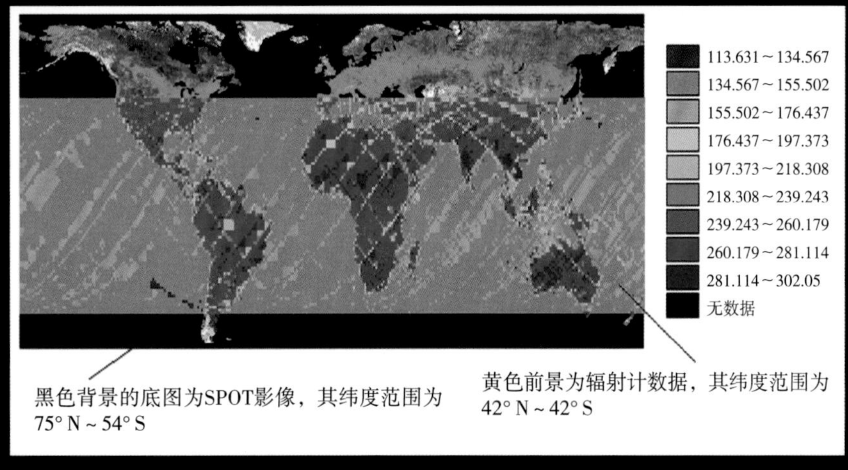

全球亮温图在海洋和陆地的相对变化趋势

SZ-4 辐射模态数据的辐射特征分析

SZ-4辐射计风速与NDBC浮标结果比较

SZ-4辐射计反演风速（m/s）

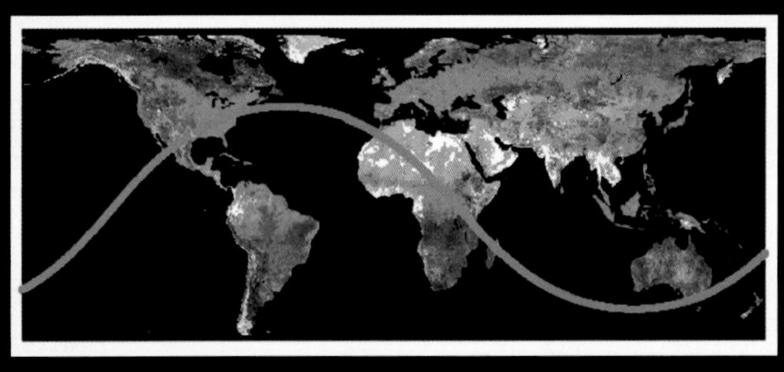

浮标风速（m/s）

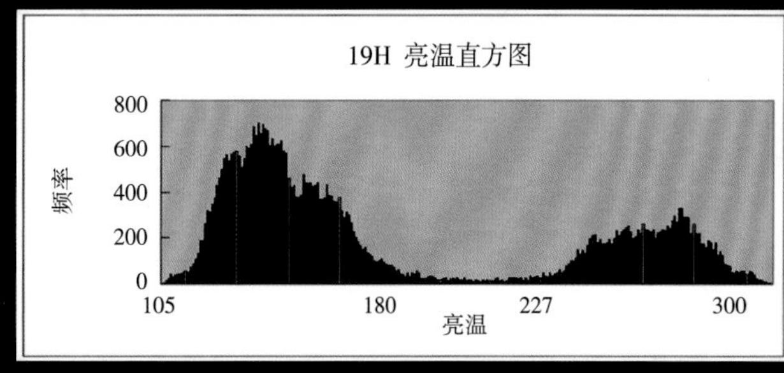

海洋亮温：105 ~ 180 K

陆地亮温：227 ~ 300 K

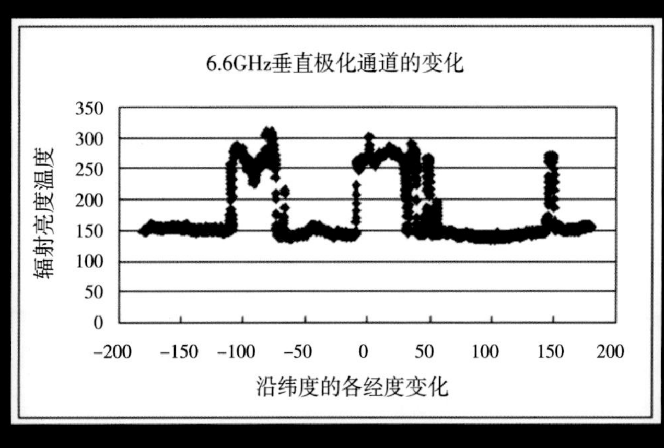

亮温的动态变化范围

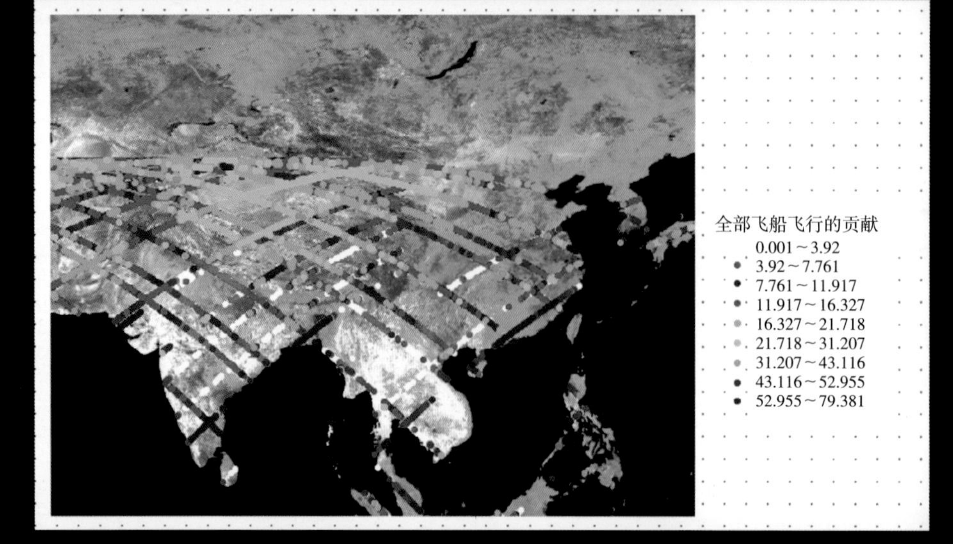

SZ-4 的极化指数对地表的响应

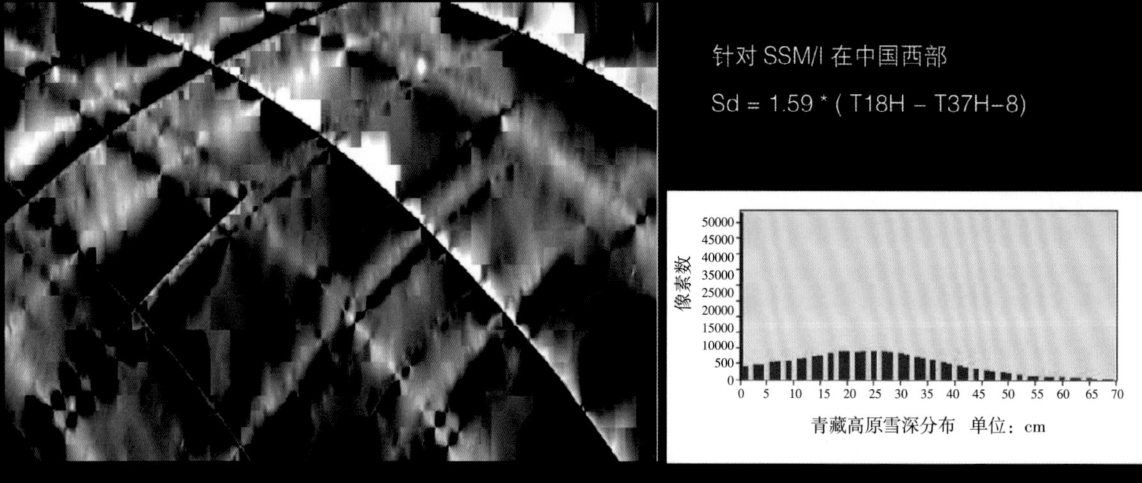

有雪地区积雪雪深分布在 0~55 cm 之间

反演青藏高原地区的雪深

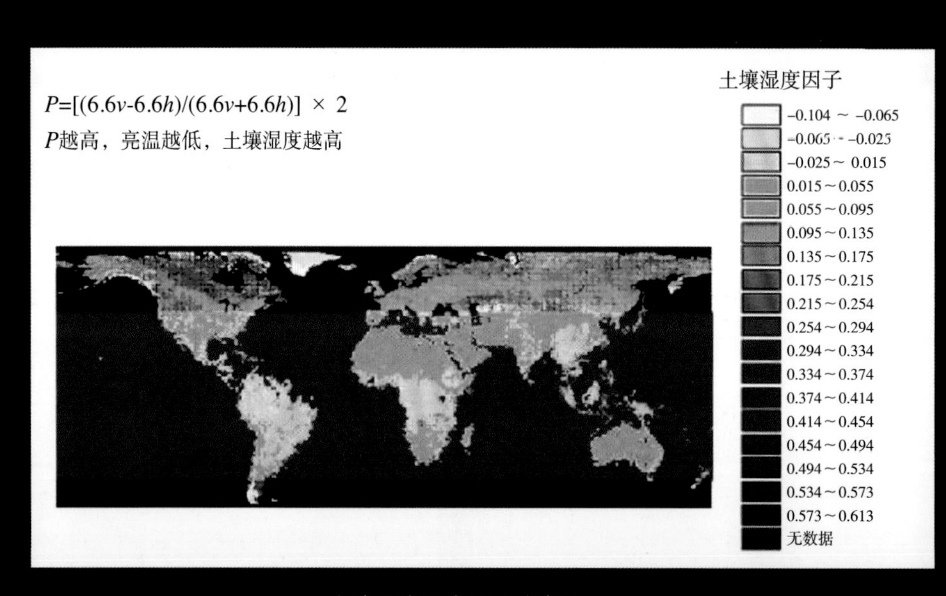

全球土壤湿度因子分布图

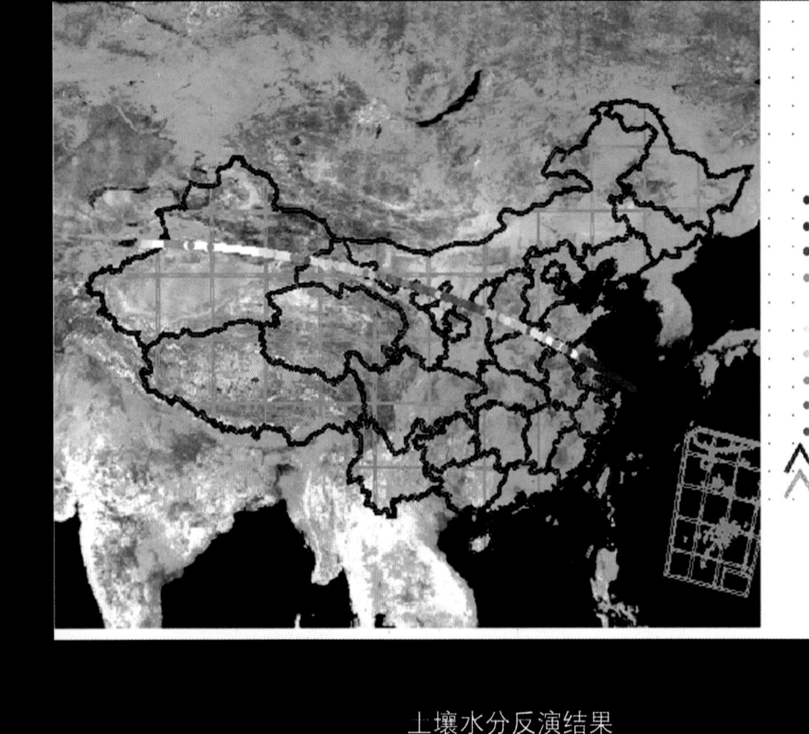

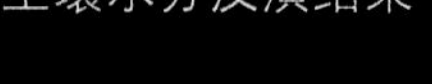
土壤水分反演结果

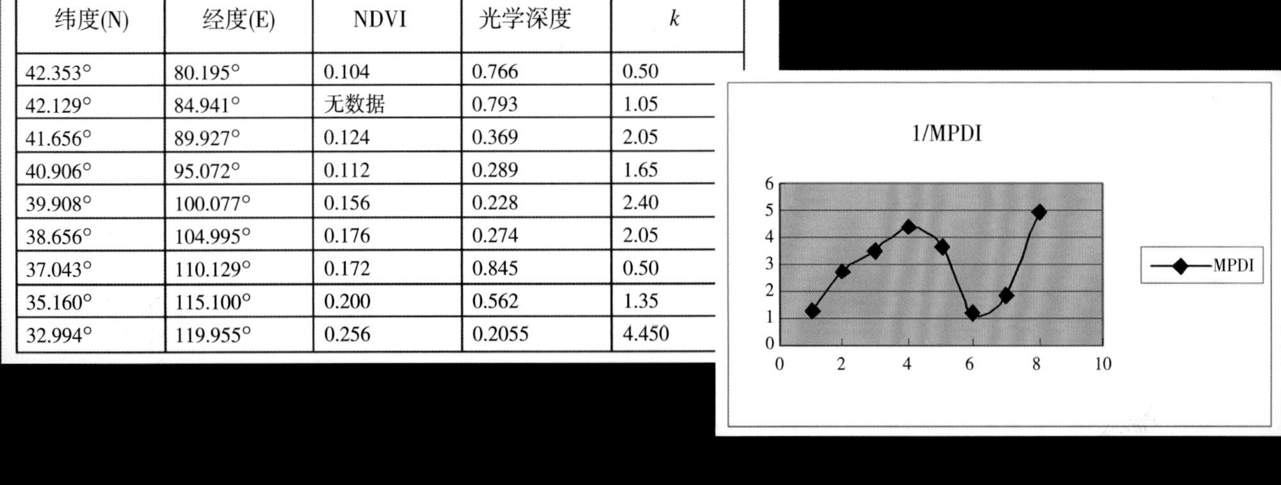

纬度(N)	经度(E)	NDVI	光学深度	k
42.353°	80.195°	0.104	0.766	0.50
42.129°	84.941°	无数据	0.793	1.05
41.656°	89.927°	0.124	0.369	2.05
40.906°	95.072°	0.112	0.289	1.65
39.908°	100.077°	0.156	0.228	2.40
38.656°	104.995°	0.176	0.274	2.05
37.043°	110.129°	0.172	0.845	0.50
35.160°	115.100°	0.200	0.562	1.35
32.994°	119.955°	0.256	0.2055	4.450

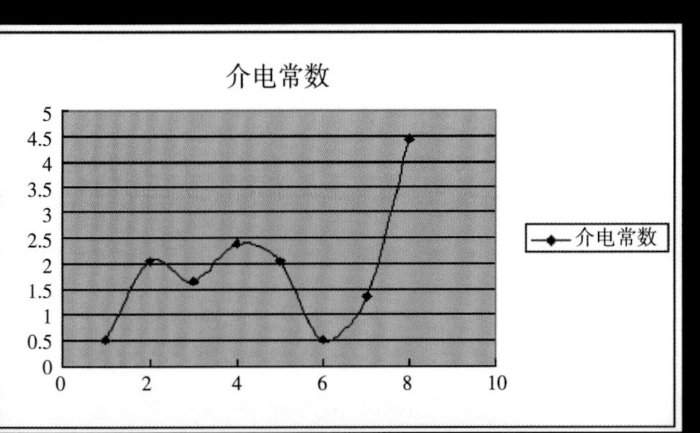

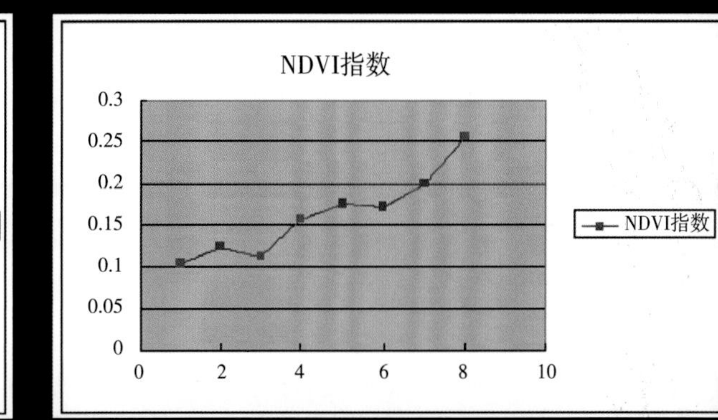

SZ-4 辐射模态数据星星比对分析

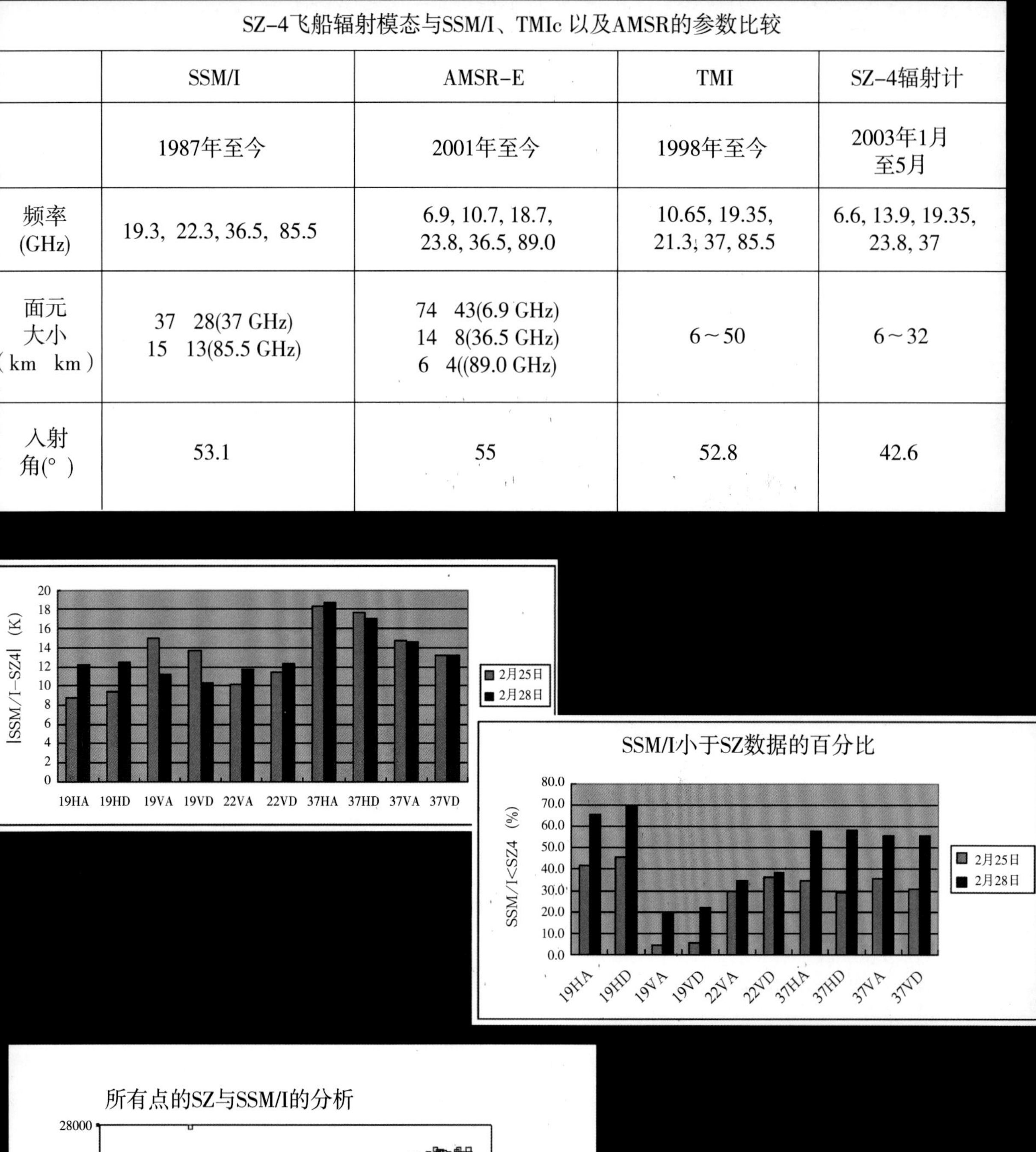

SZ-4飞船辐射模态与SSM/I、TMIc 以及AMSR的参数比较

	SSM/I	AMSR-E	TMI	SZ-4辐射计
	1987年至今	2001年至今	1998年至今	2003年1月至5月
频率(GHz)	19.3, 22.3, 36.5, 85.5	6.9, 10.7, 18.7, 23.8, 36.5, 89.0	10.65, 19.35, 21.3, 37, 85.5	6.6, 13.9, 19.35, 23.8, 37
面元大小（km km）	37 28(37 GHz) 15 13(85.5 GHz)	74 43(6.9 GHz) 14 8(36.5 GHz) 6 4((89.0 GHz)	6～50	6～32
入射角(°)	53.1	55	52.8	42.6

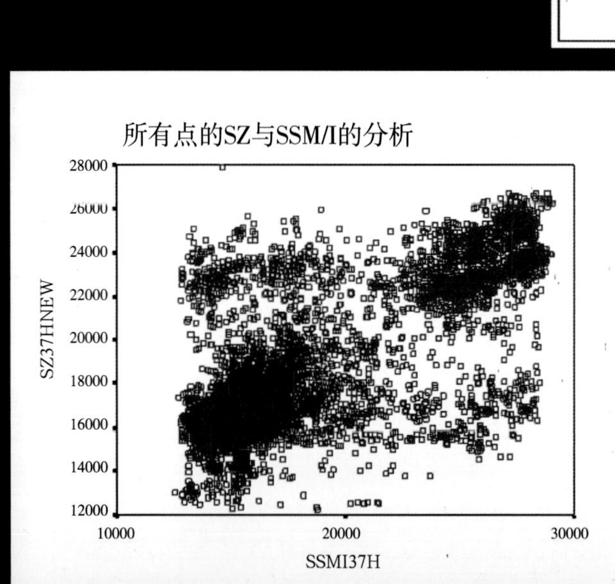

分析 SZ 与 SSM/I 的线性相关性

与 AMSR/E 数据比对

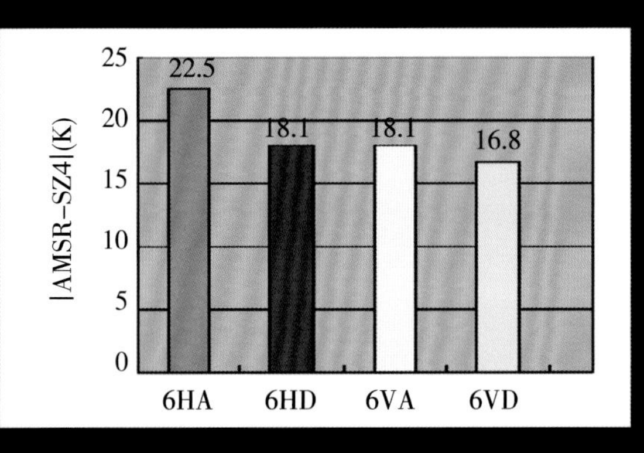

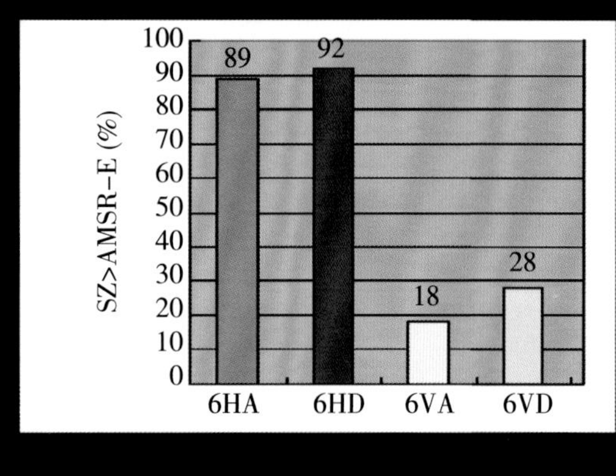

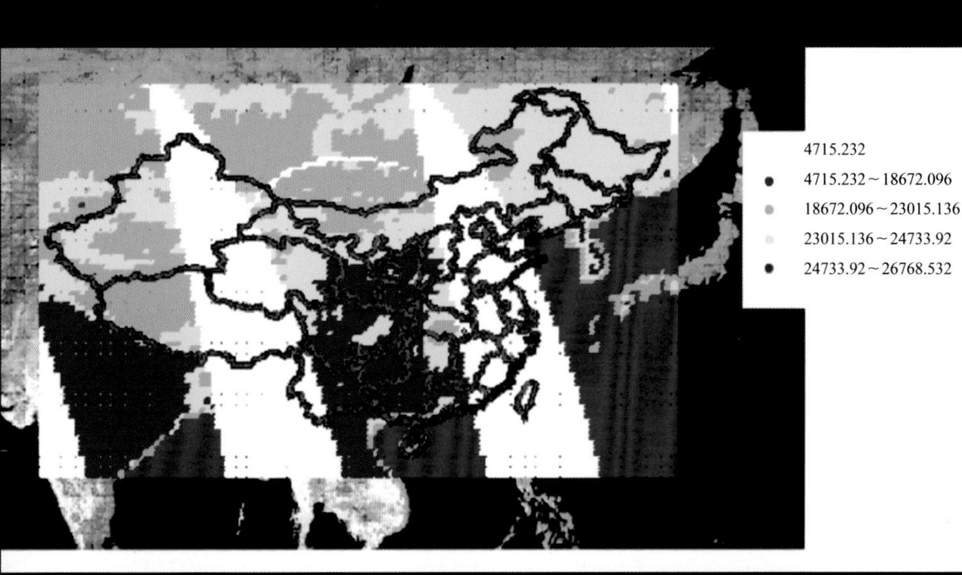

由 SSM/I 数据调整 SZ-4 辐射模态数据 19H GHz

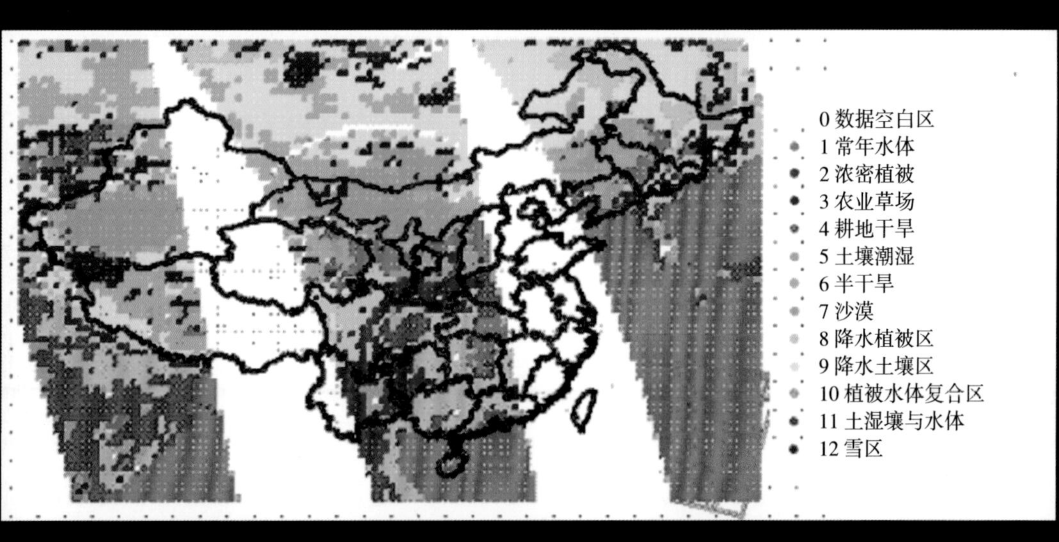

利用 SSM/I 数据进行中国陆地区域地表分类

（采用 McFarland.1990 算法）

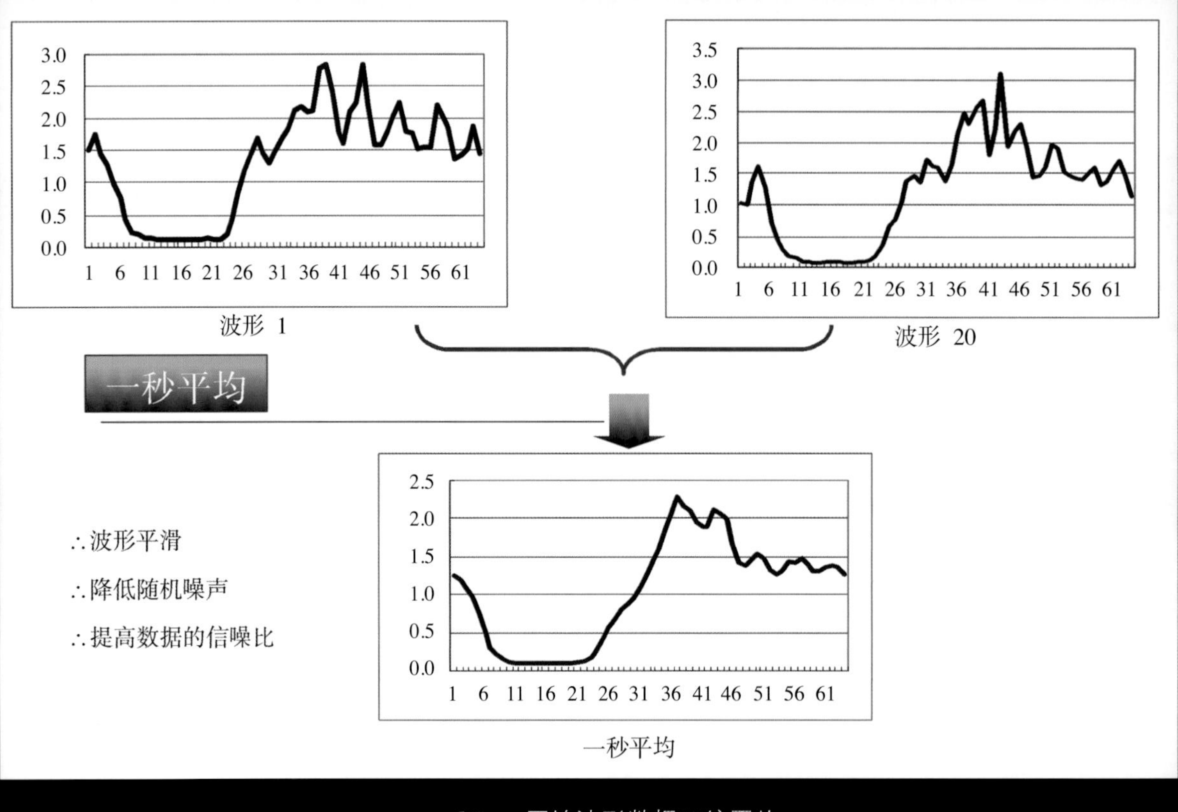

SZ-4 原始波形数据压缩平均

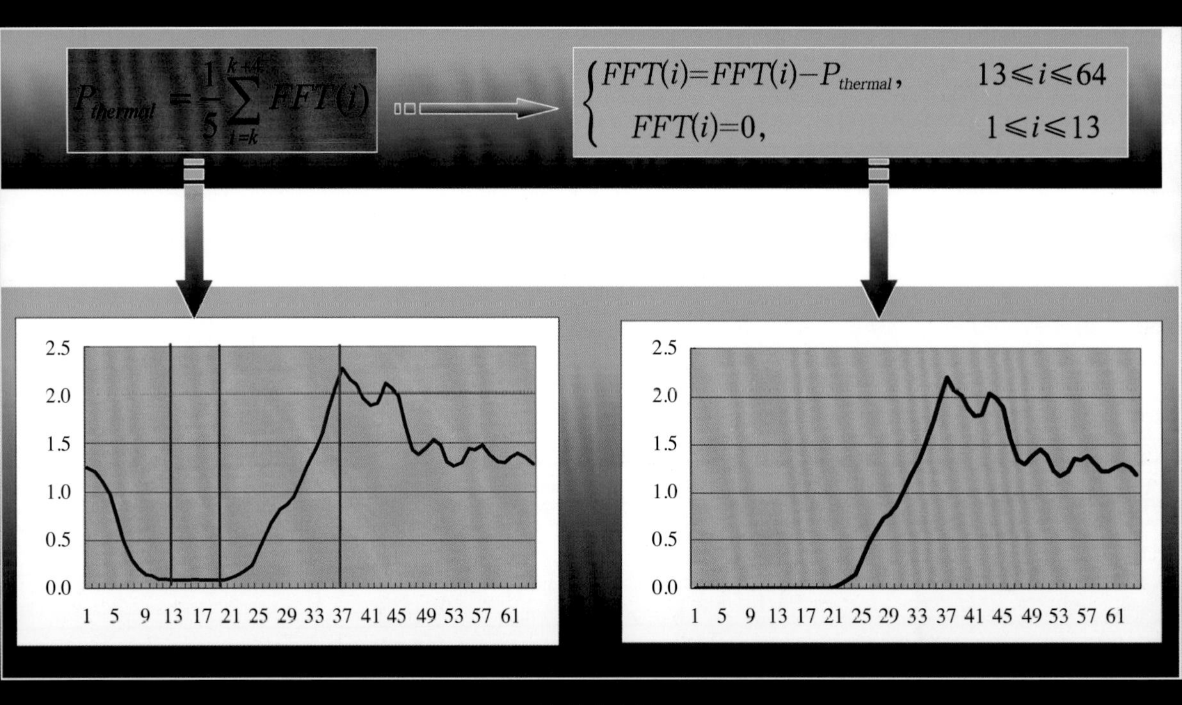

热噪声去除

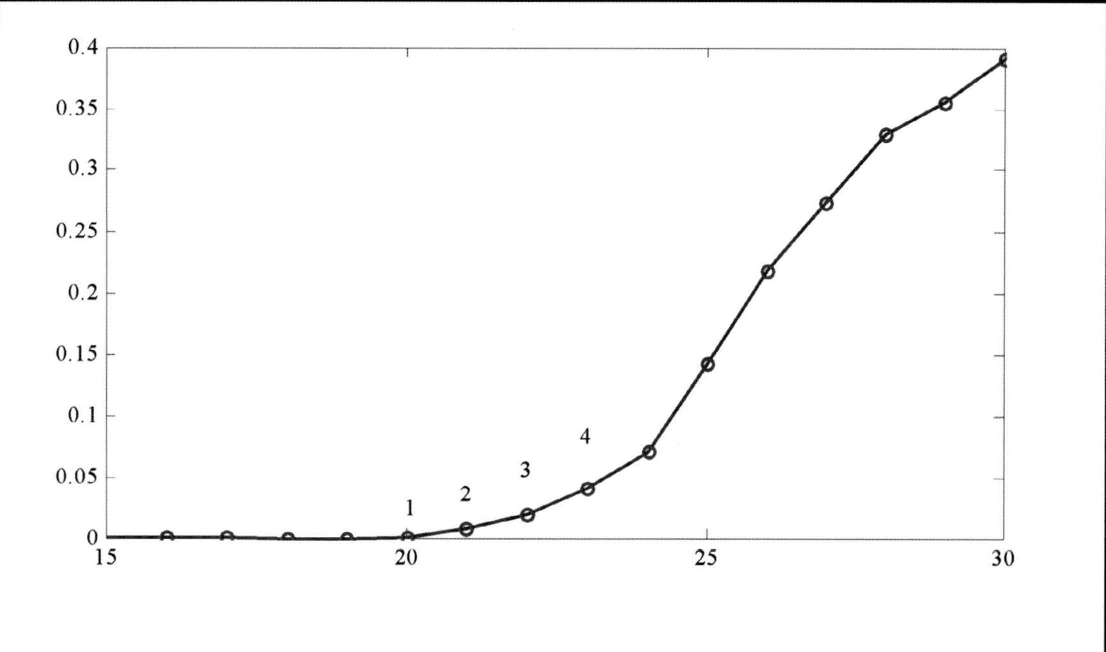

$$FFT(n_{start})<FFT(n_{start}+1)<FFT(n_{start}+2)<FFT(n_{start}+3)$$

跟踪起始点的选取

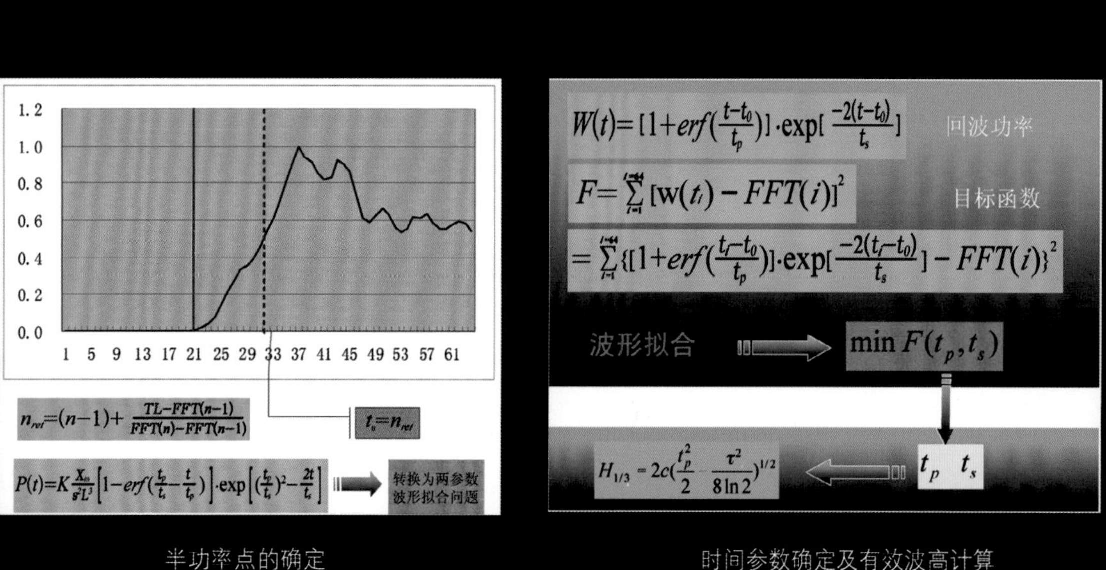

半功率点的确定

时间参数确定及有效波高计算

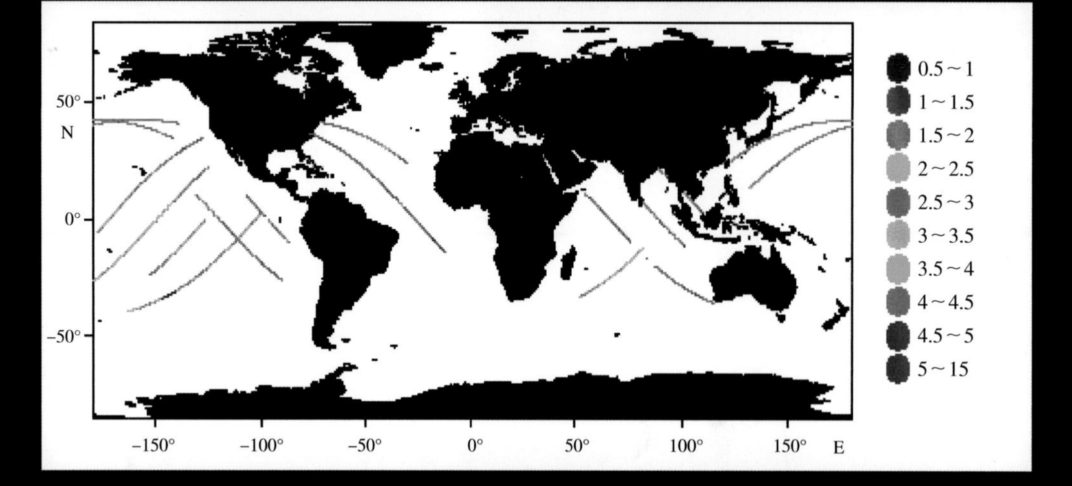

SZ-4 高度计第二轨数据 SWH 分布图，单位：m

SZ-4 高度计 SWH 与浮标比对

浮标序号	位置	时间	数据点数	相对 RMS	评价
51004	17.44N/152.52W	2003-02-08 08 时	19	0.104	良好

SZ-4 高度计与浮标 SWH 数据比对结果

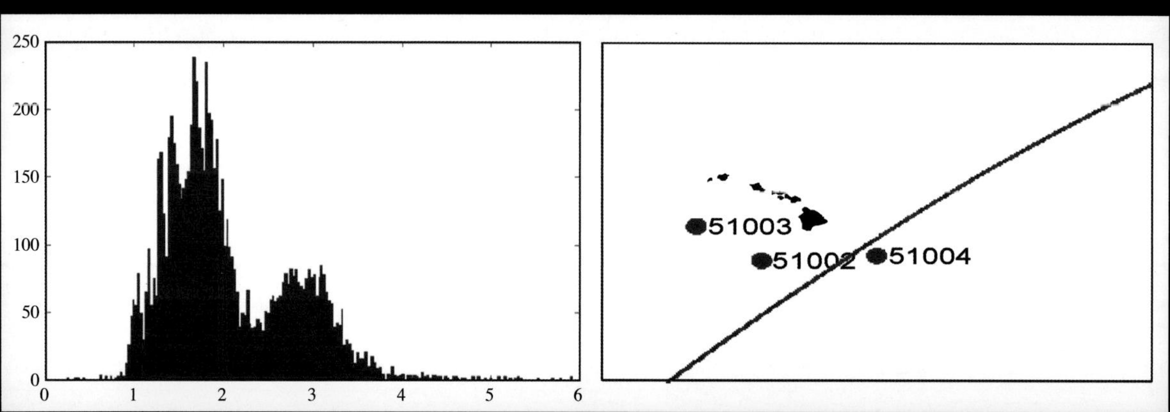

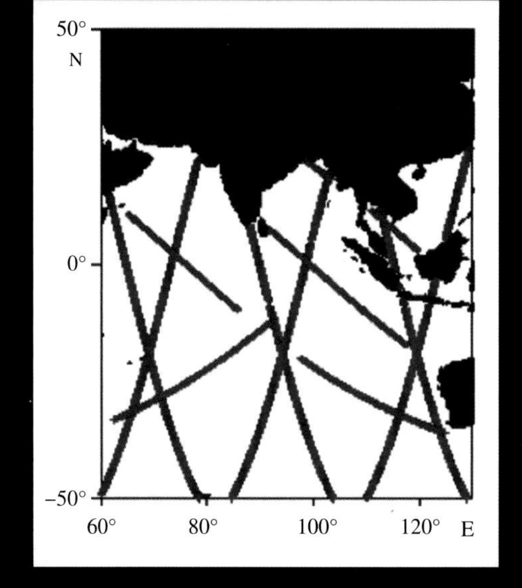

ERS-2 海域 3

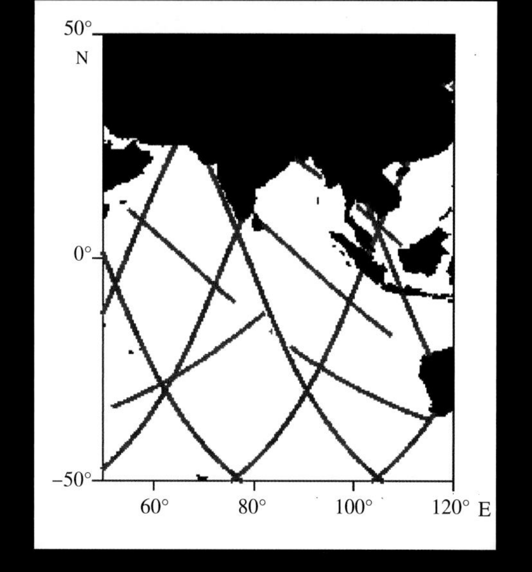

Jason-1 海域 3

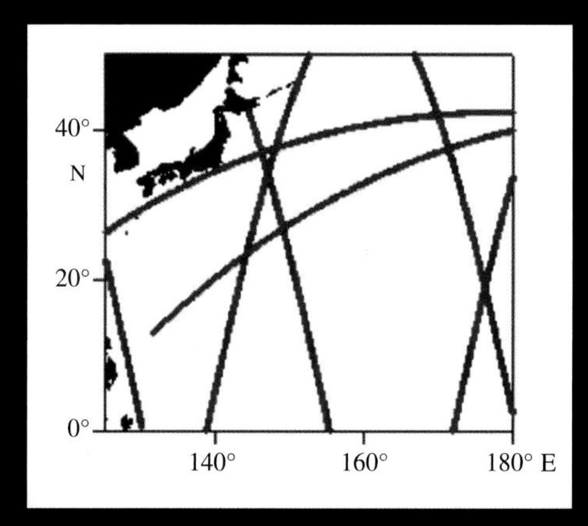

ERS-2 海域 4

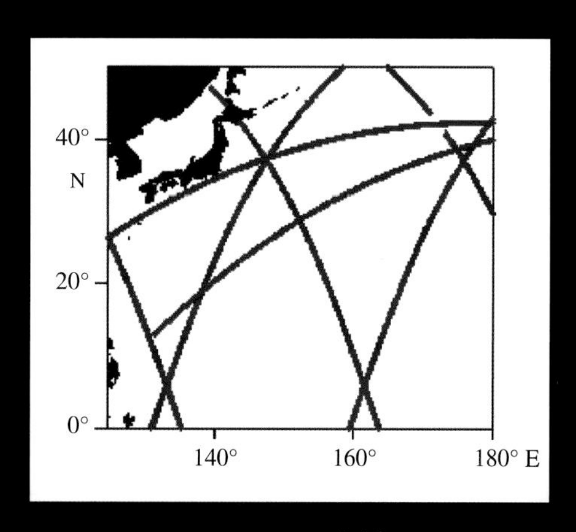

Jason-1 海域 4

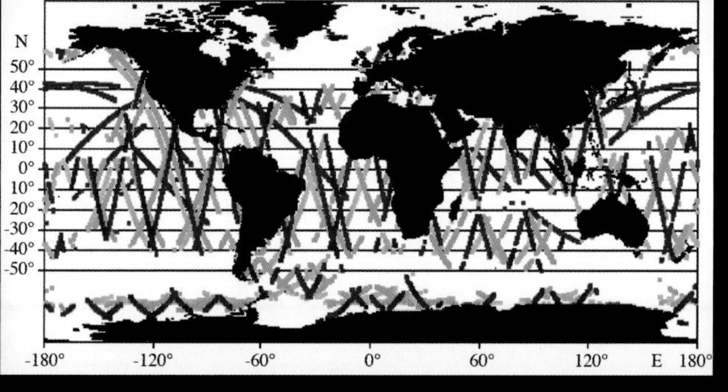

SZ-4 高度计 SWH 在 1~2 m 之间的分布图，红点为 SZ-4，蓝点为 ERS-2，绿点为 GFO，黄点为 Jason-1

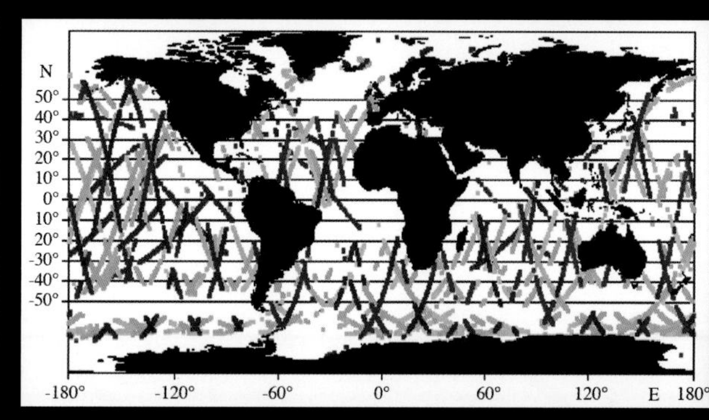

SZ-4 高度计 SWH 在 2~3 m 之间的分布图，红点为 SZ-4，蓝点为 ERS-2，绿点为 GFO，黄点为 Jason-1

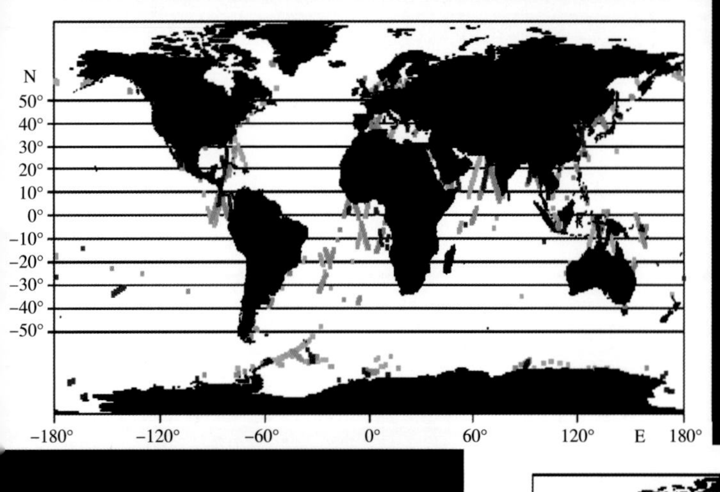

SZ-4 高度计 SWH 在 0.5~1.0 m 之间的分布图，红点为 SZ-4，蓝点为 ERS-2，绿点为 GFO，黄点为 Jason-1

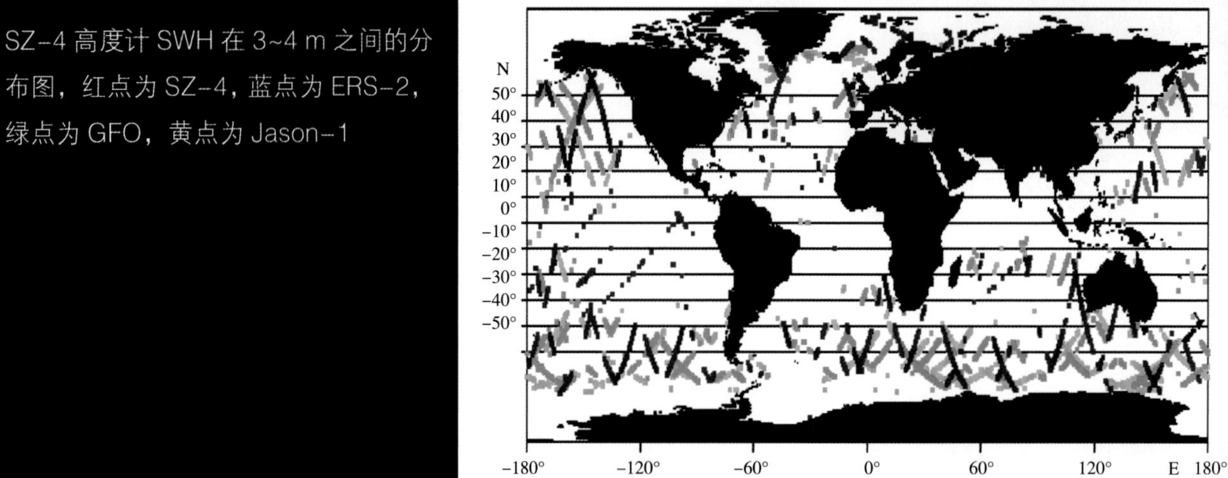

SZ-4 高度计 SWH 在 3~4 m 之间的分布图，红点为 SZ-4，蓝点为 ERS-2，绿点为 GFO，黄点为 Jason-1

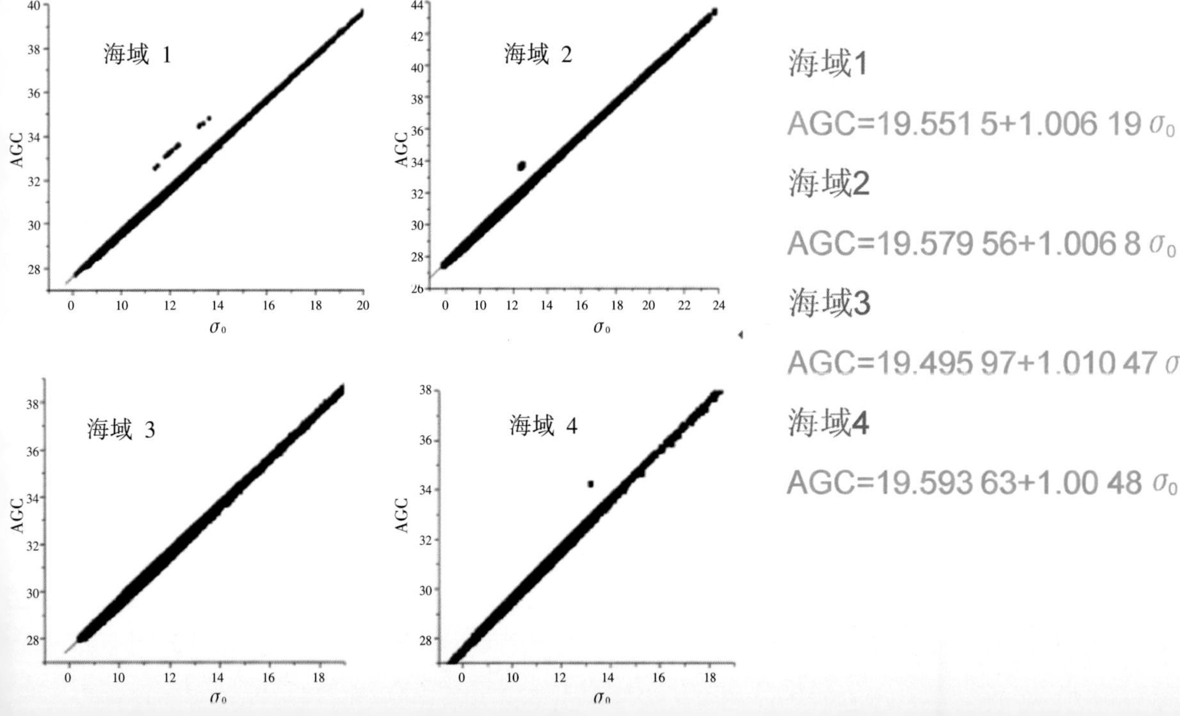

海域1

AGC=19.551 5+1.006 19 σ_0

海域2

AGC=19.579 56+1.006 8 σ_0

海域3

AGC=19.495 97+1.010 47 σ_0

海域4

AGC=19.593 63+1.00 48 σ_0

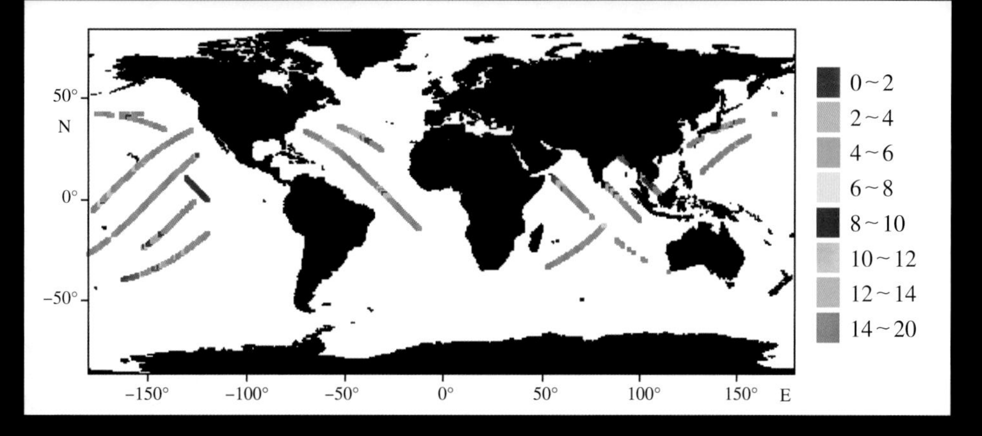

MCW 模式函数得到的全球海面风速分布，单位：m/s

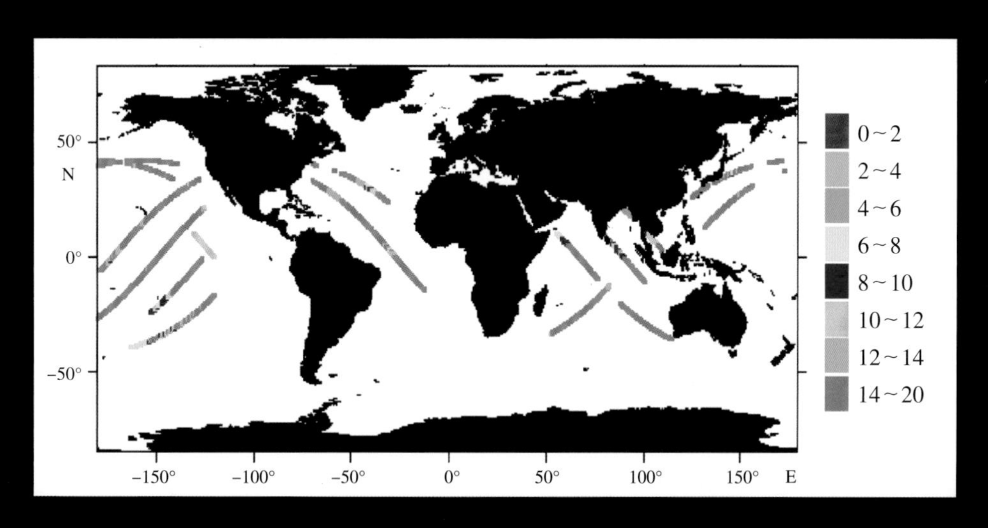

LE 模式函数得到的全球海面风速分布，单位：m/s

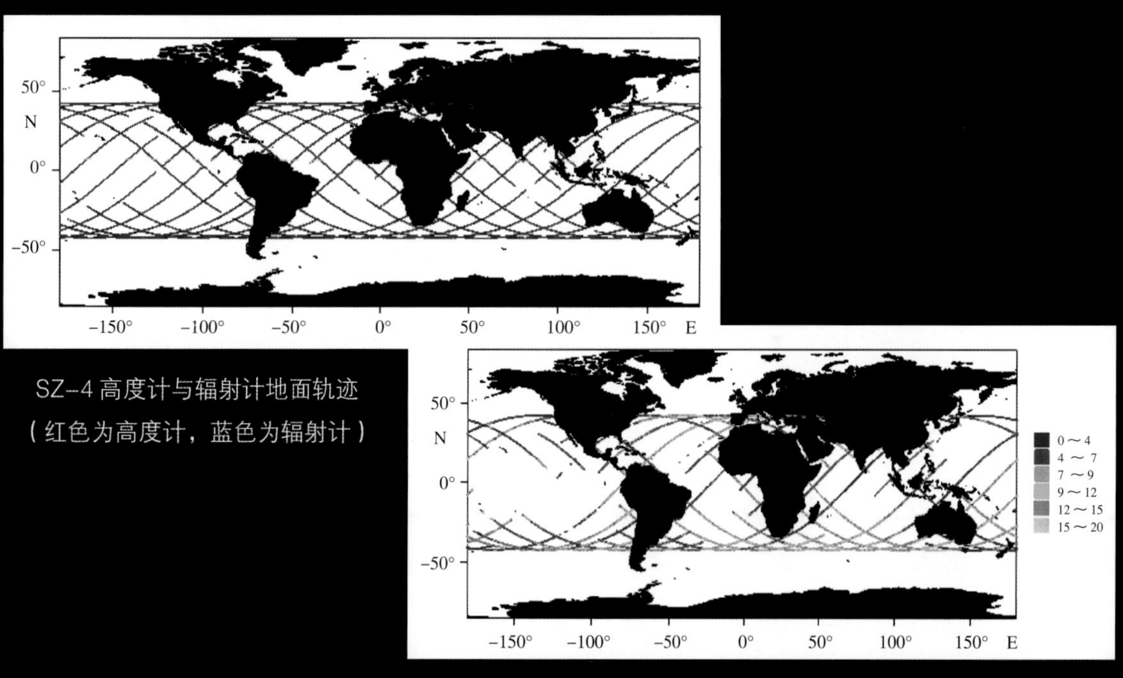

SZ-4 高度计与辐射计地面轨迹
（红色为高度计，蓝色为辐射计）

SZ-4 辐射计沿迹海面风速分布

海面风速经验修正的效果评估

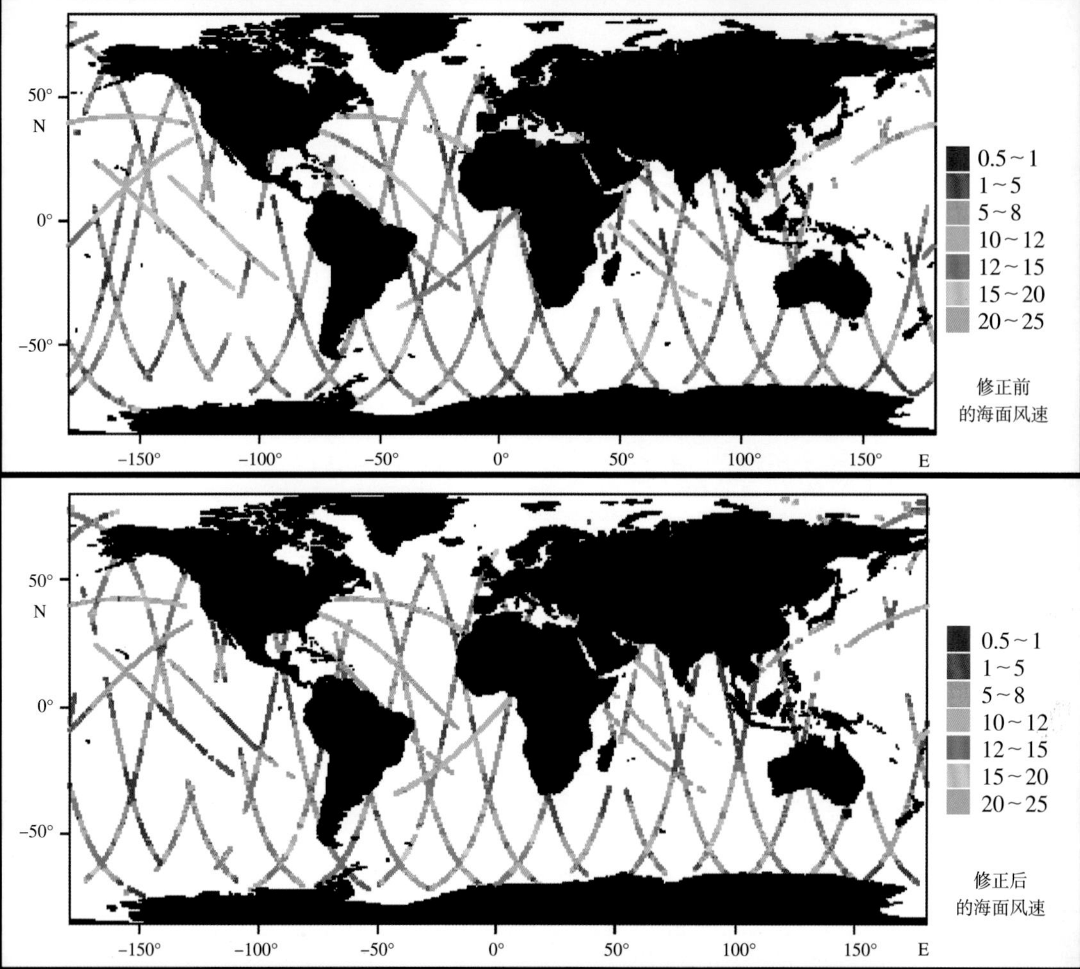

通过统计分析得到 SZ-4 与 ERS-2 海面风速差值的 RMS 为 2.961 m/s，比修正前提高了 5.482 m/s

垂线偏差校正

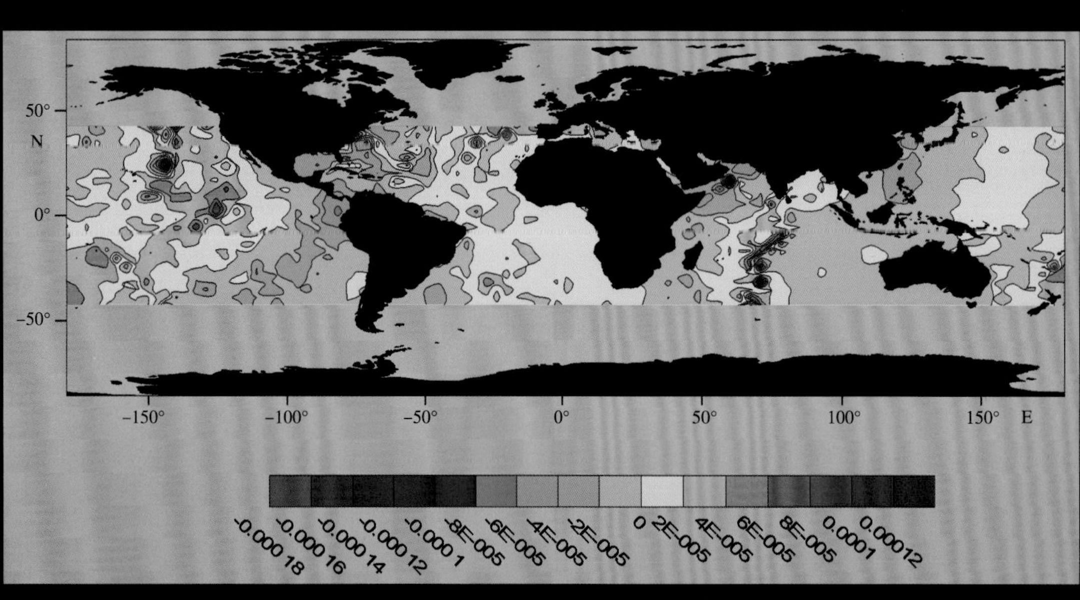

SZ-4 高度计第三次对地期间沿迹垂线偏差的η分量，单位：rad

大气干对流层路径延迟校正

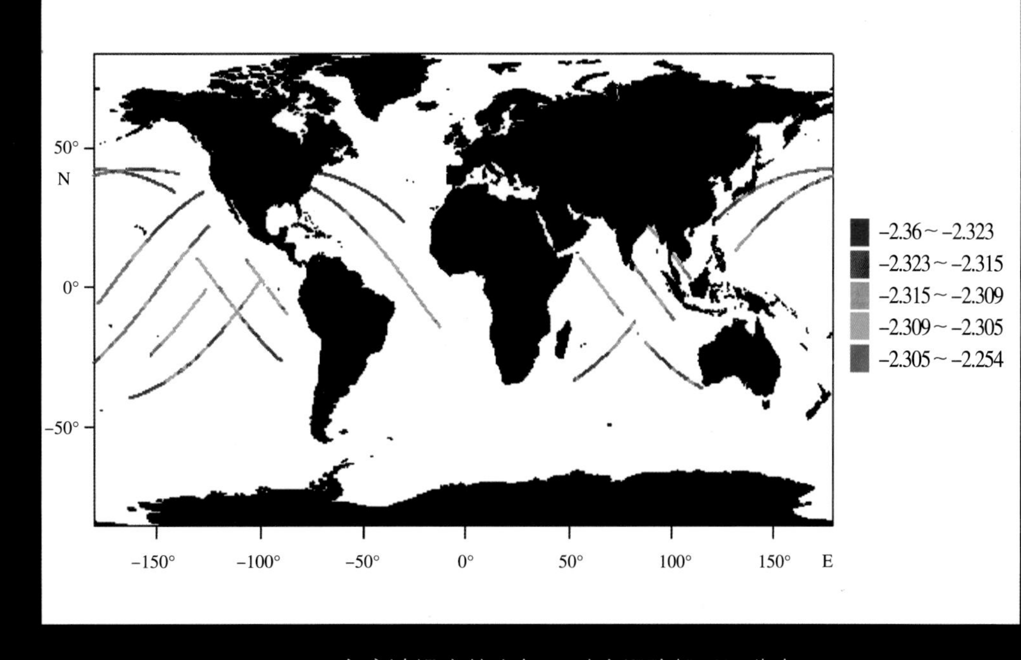

SZ-4 高度计沿迹的大气干对流层路径延迟分布

大气湿对流层路径延迟校正

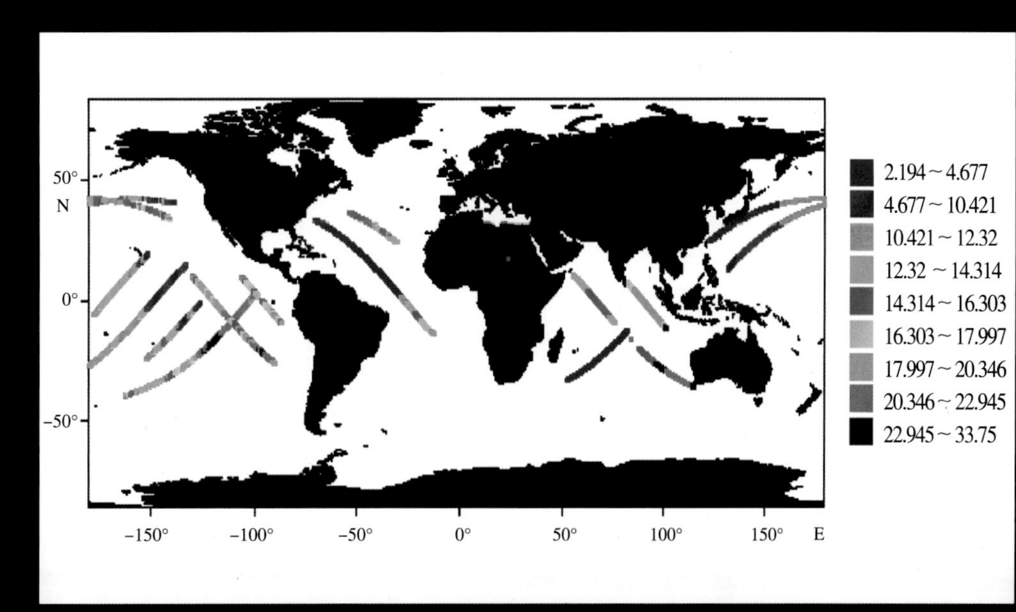

SZ-4 高度计第二轨数据沿迹大气湿度路径延迟校正分布　单位：cm

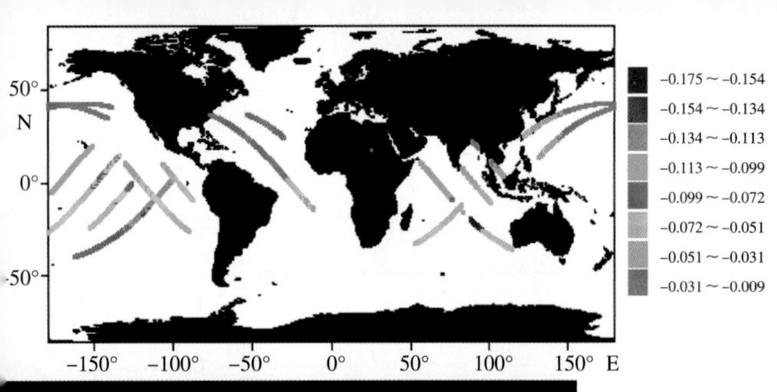

电离层路径延迟校正

SZ-4 高度计第二轨数据沿迹电离层校正

校正　单位：m

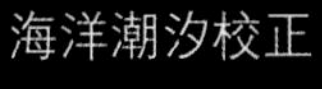

海洋潮汐校正

SZ-4 高度计第二次对地期间沿迹海潮潮

高分布　单位：cm

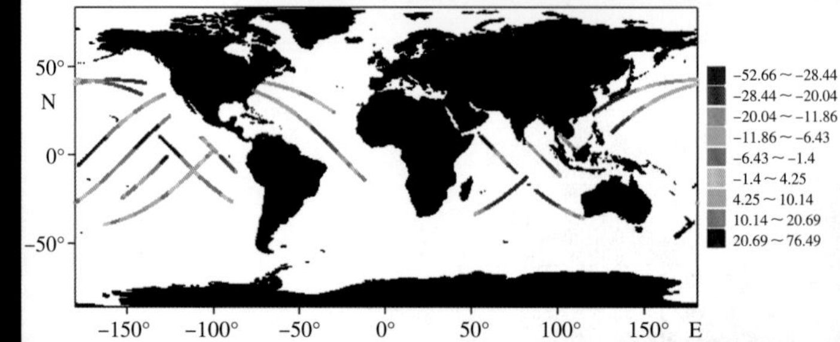

负荷潮校正

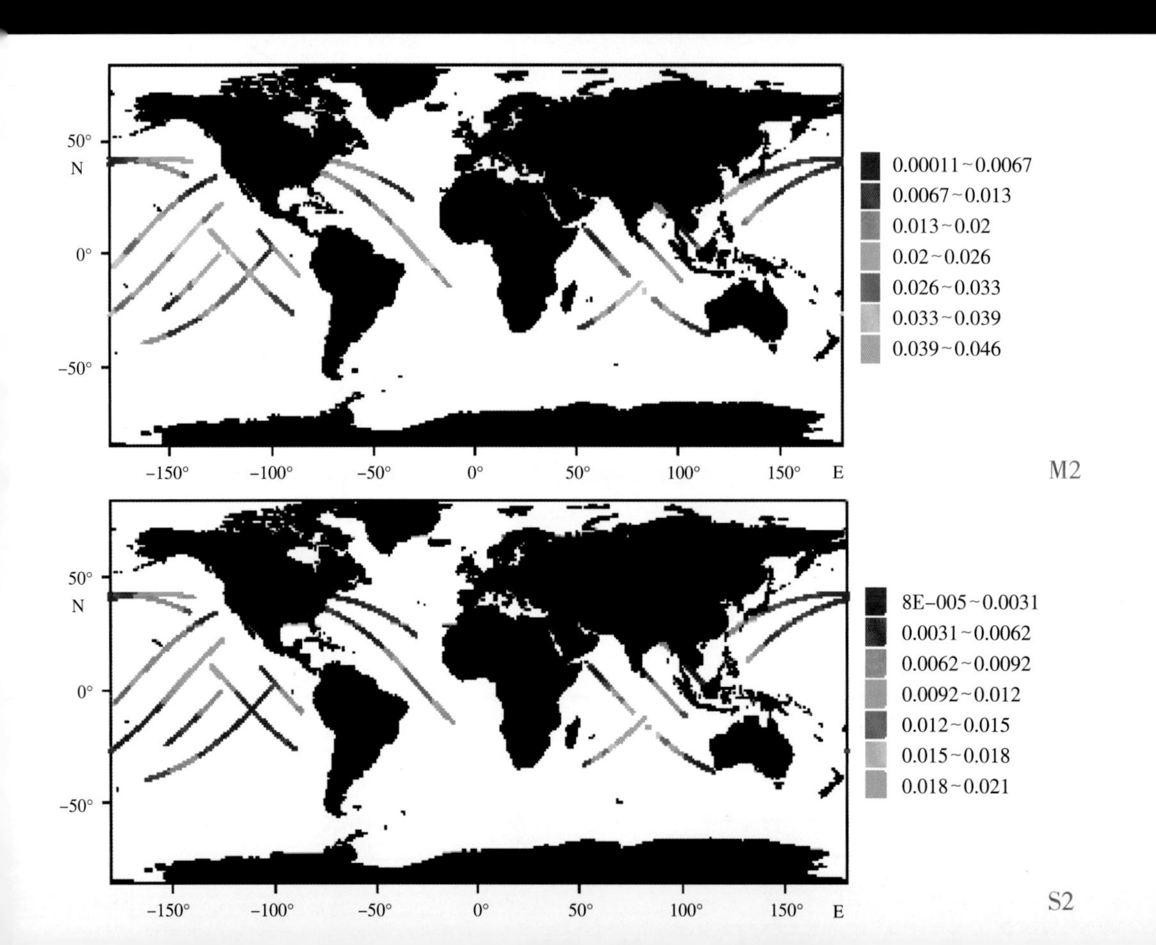

极地潮校正

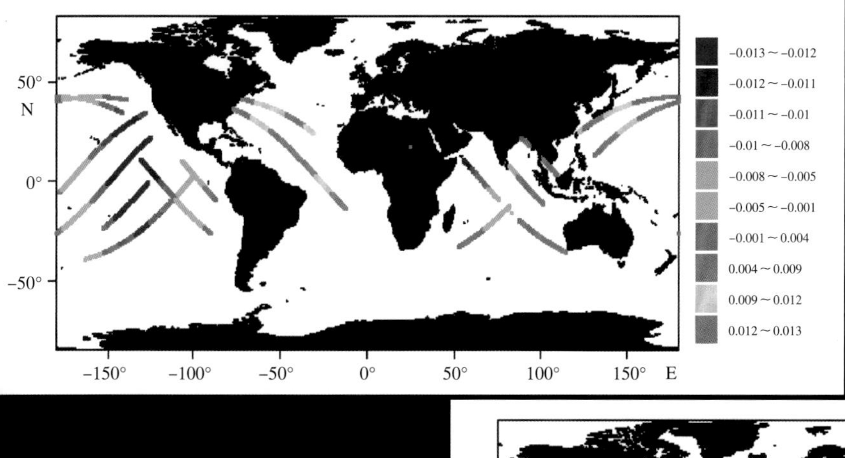

SZ-4 高度计第二次对地期间沿迹极地潮汐分布
单位：m

海况偏差校正

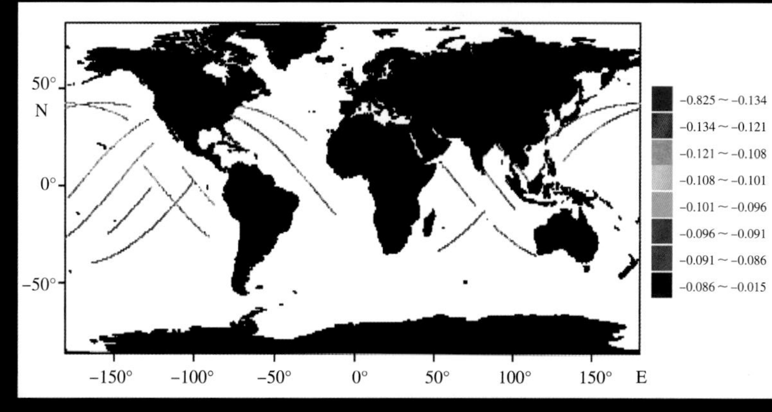

SZ-4 高度计第二次对地期间沿迹的海况偏差校正　单位：m

高度跟踪补偿校正

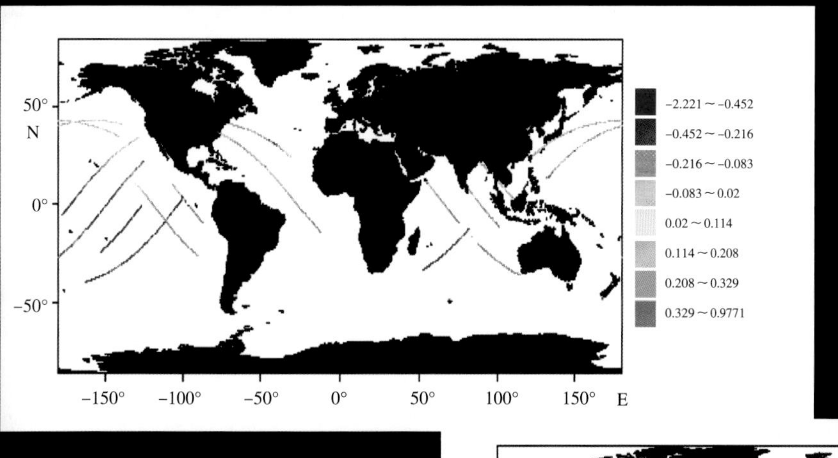

SZ-4 高度计第二次对地期间跟踪补偿　单位：m

大气逆压校正

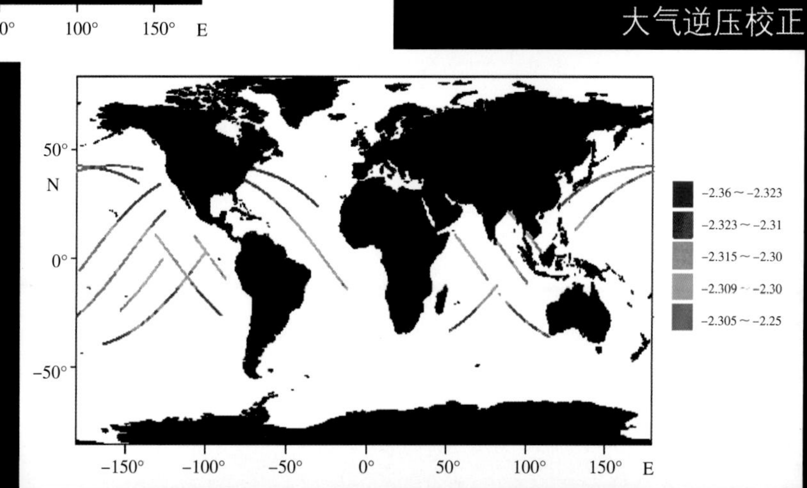

SZ-4 高度计沿迹大气逆压校正分布
单位：mm

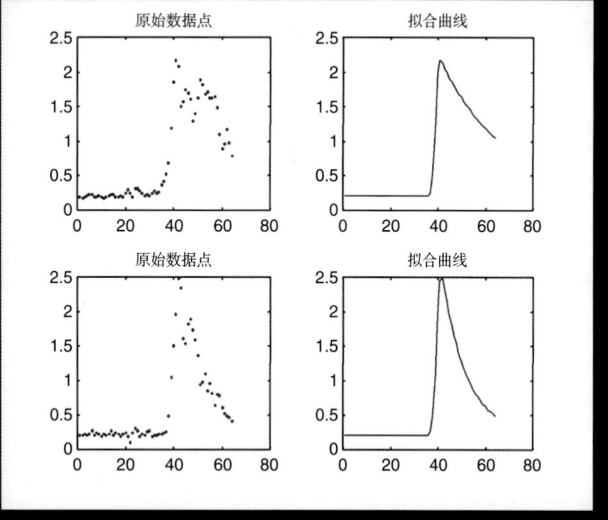

高度模波型拟合图

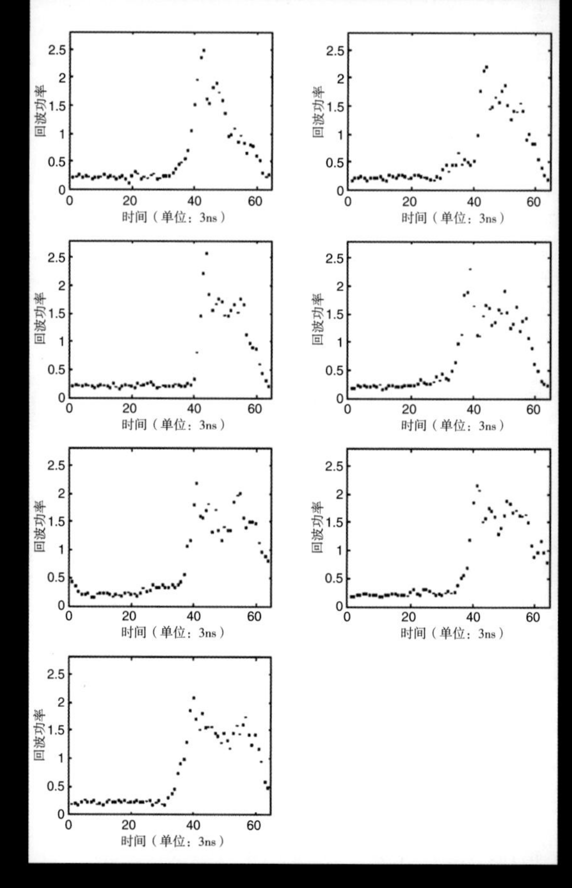

高度模原始回波曲线

	拟合参数Ts	拟合参数Tp	有效波高（m）
第1组	19.56	7.20	2.77
第2组	25.62	6.93	2.65
第3组	20.70	6.81	2.59
第4组	39.53	7.45	2.89
第5组	53.90	6.80	2.59
第6组	56.23	6.90	2.64
第7组	43.35	8.01	3.15
平均结果	36.98	7.15	2.76

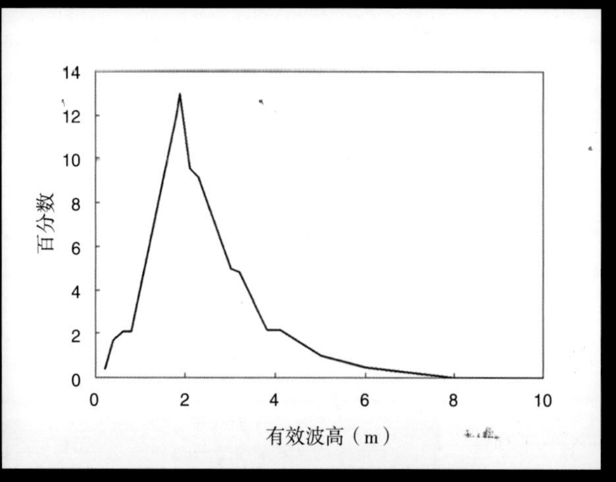

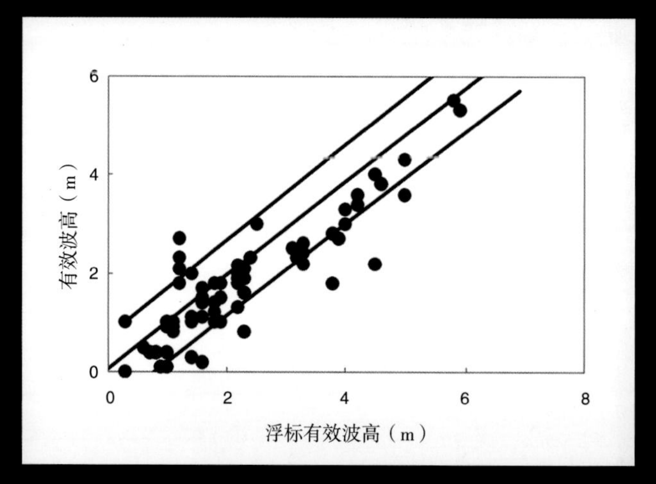

有效波高的验证

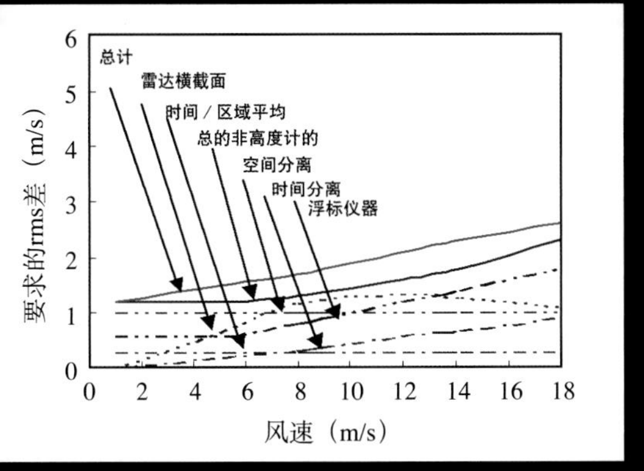

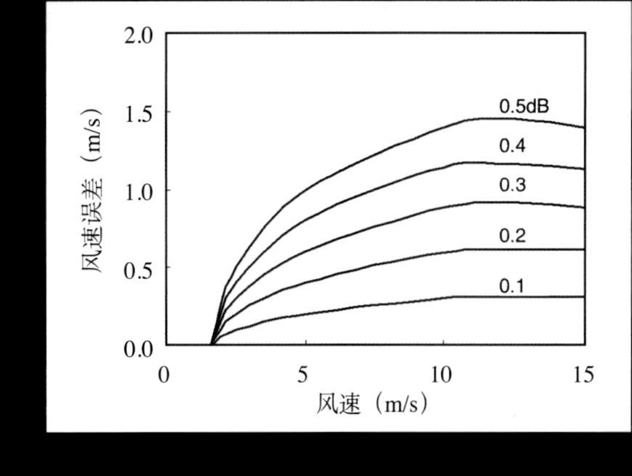

误差源	风速（m/s）	有效波高(m)
浮标仪器	0.8	—
时间分离	0.3	0.1
空间分离	0.5-1.0+	0.2-0.3+
取样的变化（时间对区域的平均）	0.3	0.24
总的rms	0.1-1.3	0.4-0.5

在雷达高度计与浮标测量比较中所要求差值

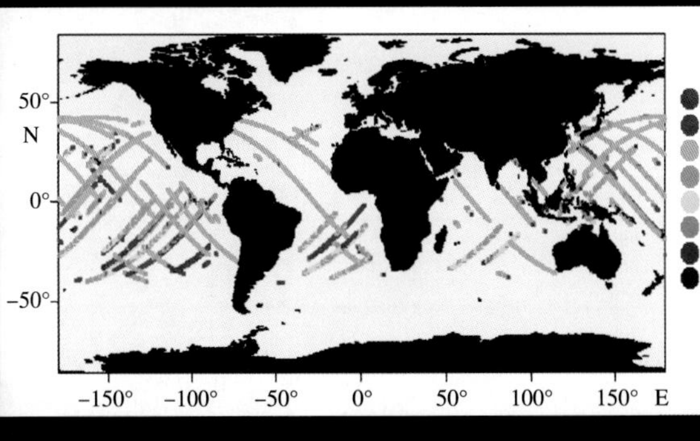

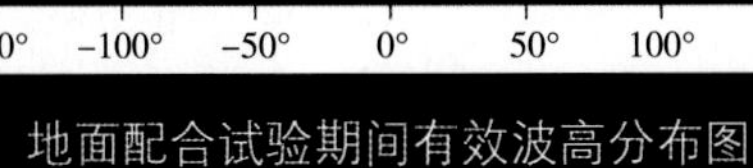
地面配合试验期间有效波高分布图

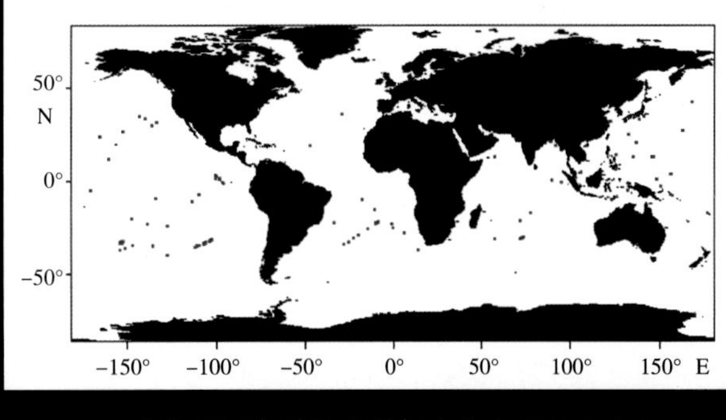

高海况下有效波高数据点分布（192 个）

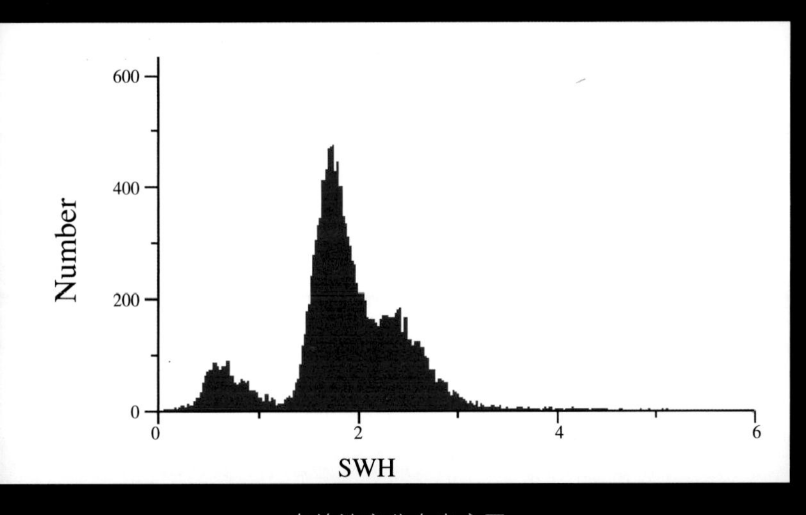

0.0 ~ 0.5
0.5 ~ 1.0
1.0 ~ 1.5
1.5 ~ 2.0
2.0 ~ 2.5
2.5 ~ 3.0
3.0 ~ 3.5
3.5 ~ 4.0
4.0 ~ 6.0

有效波高分布直方图

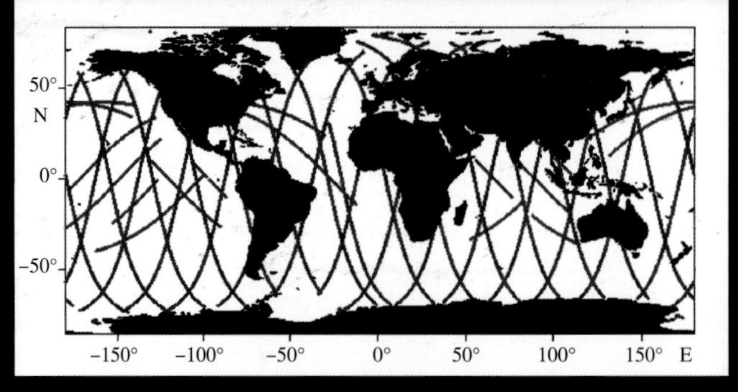

SZ-4 与 ERS2 的地面轨迹，红线为 SZ-4 高度计，蓝线为 ERS2

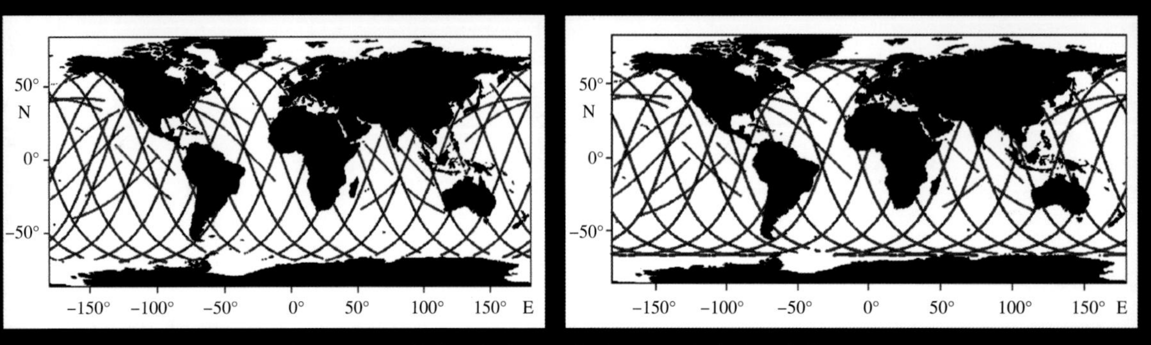

SZ-4 与 Jason-1 的地面轨迹，红线为 SZ-4 高度计，蓝线为 Jason-1

神舟四号高度计海面风速反演

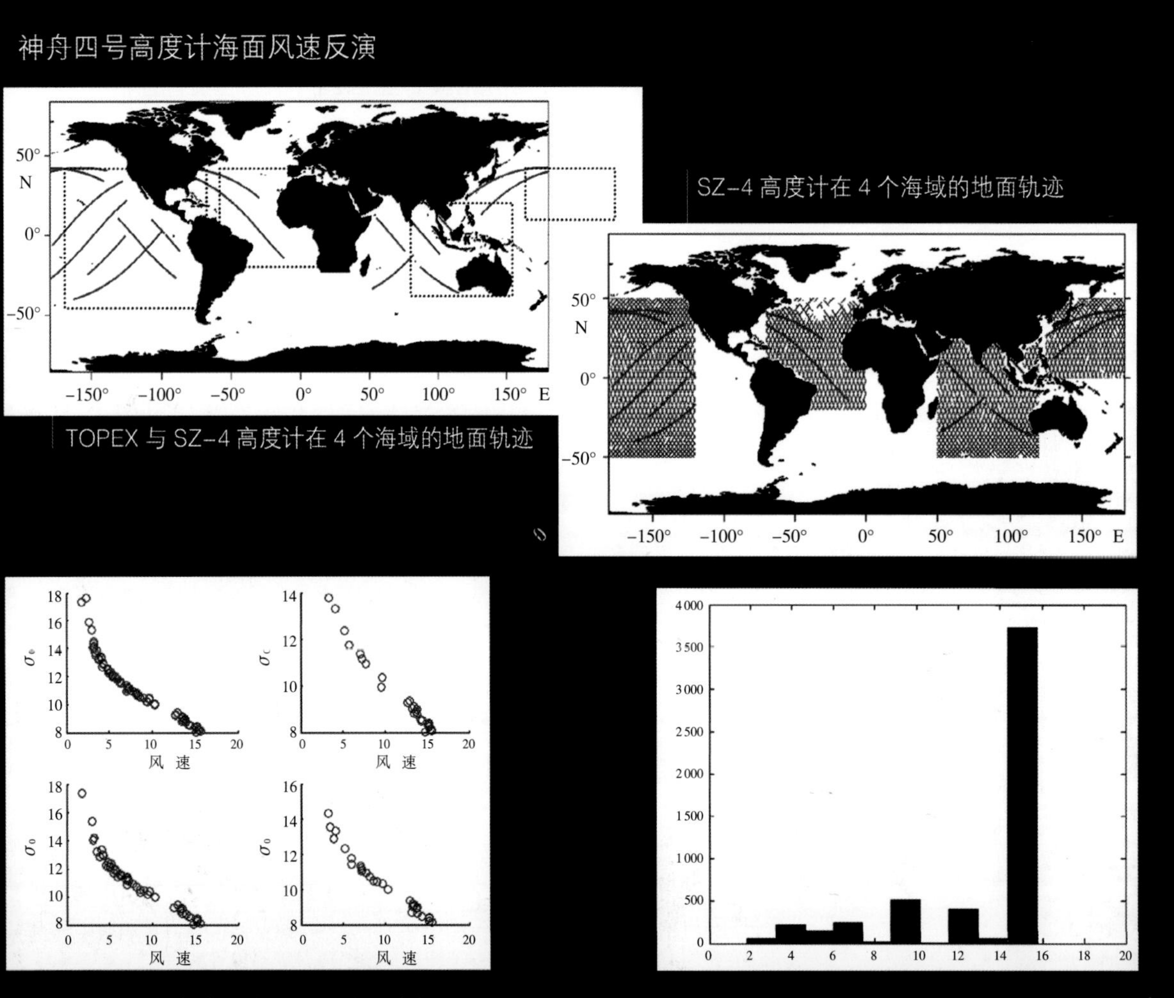

TOPEX 与 SZ-4 高度计在 4 个海域的地面轨迹

SZ-4 高度计在 4 个海域的地面轨迹

SZ-4 高度计 σ_0 与海面风速的散点图

SZ-4 高度计海面风速分布直方图

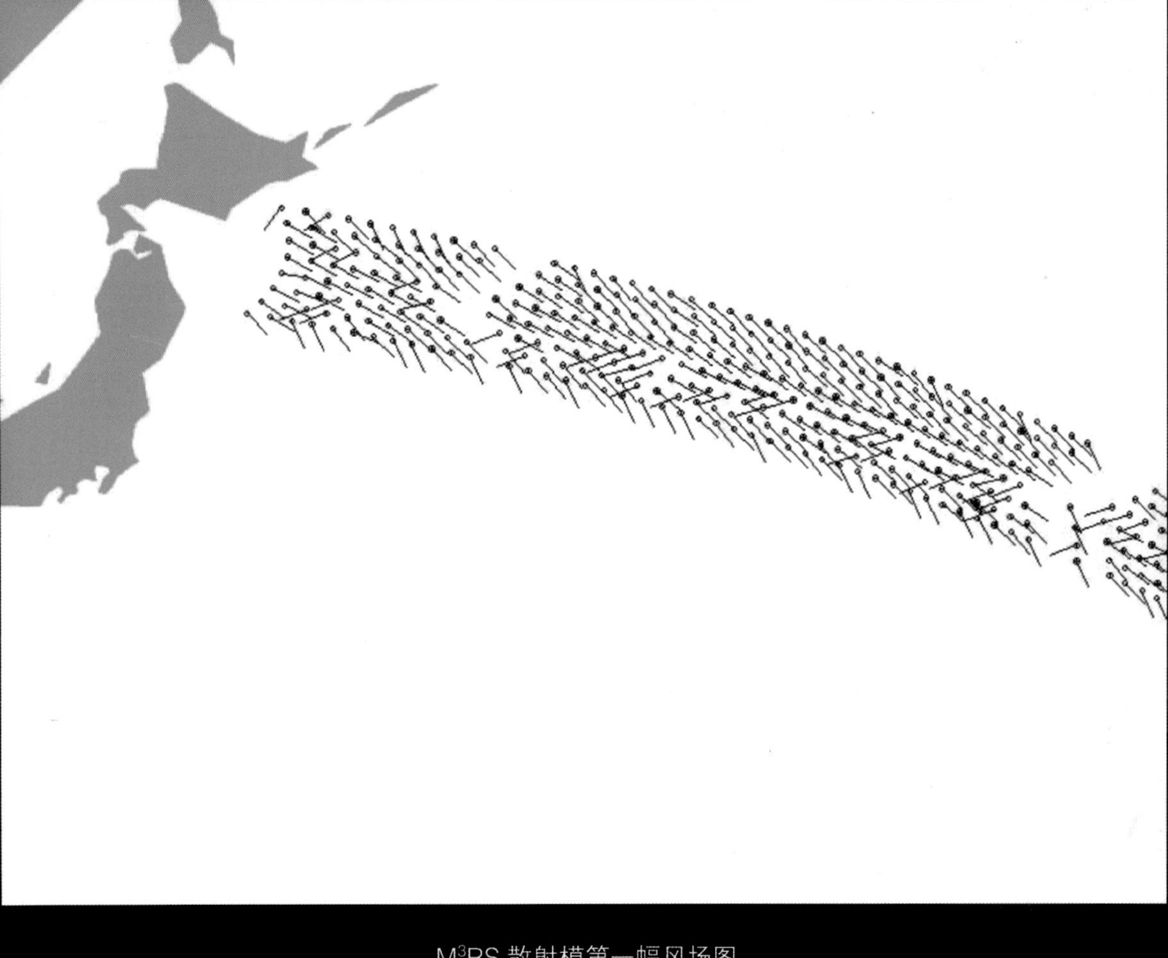

M^{3}RS 散射模第一幅风场图